自然優雅

手織の
麻繩手提袋&肩背包

A

B

C

D

E

F

G

H

I

J

K

L

M

N

O

P

Q

R

S

T

U

V

W

X

Y

要不要試著利用繽紛多彩且顏色齊全的麻繩來編織手袋呢？

由簡單短針編織的馬爾歇包開始，

到清爽花樣的祖母包＆渾圓的小提包或大肩背包等，

本書收錄了多種設計款式的手袋。

以麻繩與不同素材混搭編織而成的手袋，將經由顏色的調和誕生出全新的色彩。

即使是相同的針數、段數，但混編作品卻可織得較大，

且親膚的柔軟觸感也是其魅力所在。

請組合你喜愛的顏色，創作出專屬於你的獨家手袋吧！

Contents

1. 麻繩編織包

2. 混合不同素材の編織包

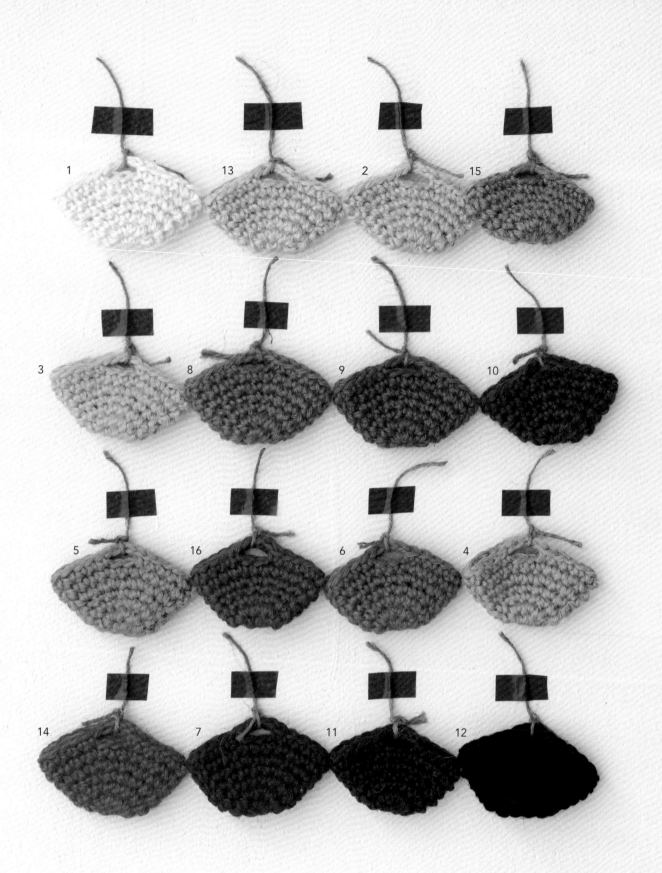

1
13
2
15

3
8
9
10

5
16
6
4

14
7
11
12

設計／風工房　編法 → p.49

關於 Comacoma

Hamanaka
Comacoma

本書使用的Hamanaka Comacoma為Jute（黃麻）100％的手藝用麻線。

1球40g約34m。添加了2色新色，全部共有16色，顏色撰擇豐富齊全。

除了帶有些許黃麻本身獨特的味道，也是質地柔軟且易於編織的線材。

1	白色	9	苔蘚綠
2	淺駝色	10	棕色
3	黃色	11	海軍藍
4	綠色	12	黑色
5	藍色	13	灰色
6	紫色	14	粉紅色
7	紅色	15	可可棕
8	橘色	16	鈷藍色

本書作品使用 Hamanaka 手藝手織線、Hamanaka Ami Ami 樂樂雙頭鉤針。

[Hamanaka 株式會社]

◎京都本社
〒616-8585 京都市右京區花園藪之下町2番地之3

◎東京支店
〒103-0007 東京都中央區日本橋浜町1丁目11番10號

http://www.hamanaka.co.jp
info@hamanaka.co.jp

1.
麻繩編織包

以蘊含自然風韻魅力的麻繩編織而成的手袋，
是包型不易變形，且使用起來相當方便的包款。
本單元將一一介紹從單純的短針編織，
到採用簡單花樣編織的流行包款。

A

條紋藤編包

高人氣的條紋式樣是以淺駝色配海軍藍,編織成方便使用的設計包款。
在編織段的最後一針時更換配色線,是使成品整齊美觀的關鍵訣竅。

設計:すぎやまとも
線材:Hamanaka Comacoma
織法 → p.44

B.

肩背托特包

以白色線條展現簡潔風格的托特包。
提把的長度就依個人喜好來調整吧！

設計：野口智子
線材：Hamanaka Comacoma
織法 → p.46

C.

雙色小方包

淺駝色與黑色的配色最適合雅緻的文青風打扮。
提把部分是在最後以短針進行包編。

設計：河合真弓
製作：關谷幸子
線材：Hamanaka Comacoma
織法→ p.48

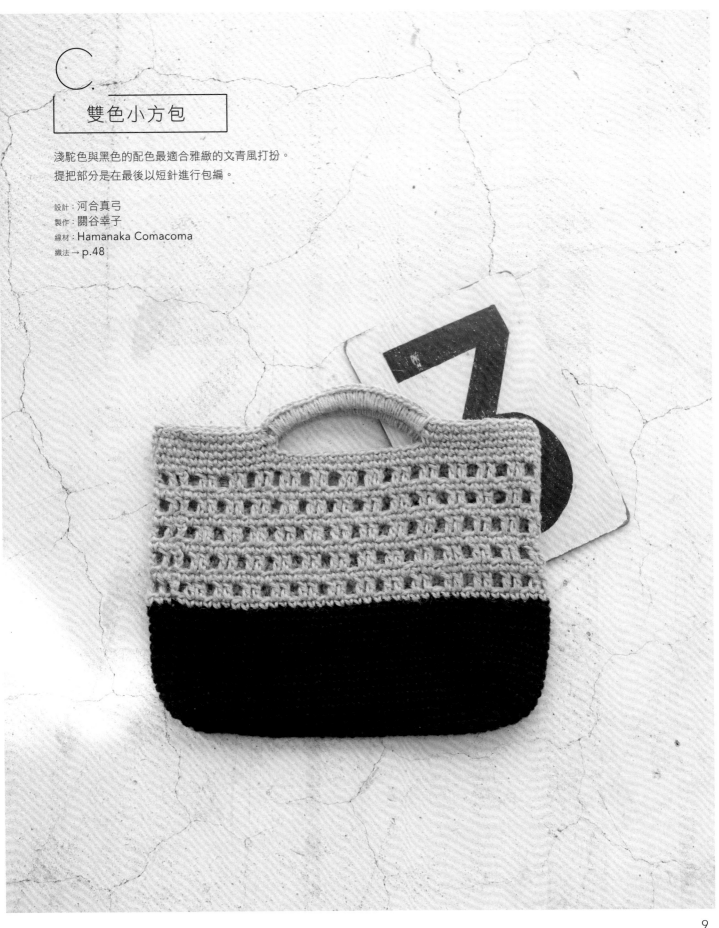

a.

b.

引上編織包

背面看起來有如引拔般的花樣，亦即所謂裡引短針的織法。
藉由與短針的輪流編織，最後形成了條紋花樣。

設計：すぎやまとも
線材：Hamanaka Comacoma
織法 → p.50

E. F.

扇形飾邊＆幸運草緣飾包

簡單的短針編織包款，綴以緣飾作為整體特色。
黃色提袋是於鎖針上鉤織一段短針時，挑針固定成扇形飾邊，
海軍藍提袋則是先鉤織幸運草圖案，之後再接縫固定。

設計：青木惠理子
線材：Hamanaka Comacoma
織法→（E.）p.52　（F.）p.54

E.

F.

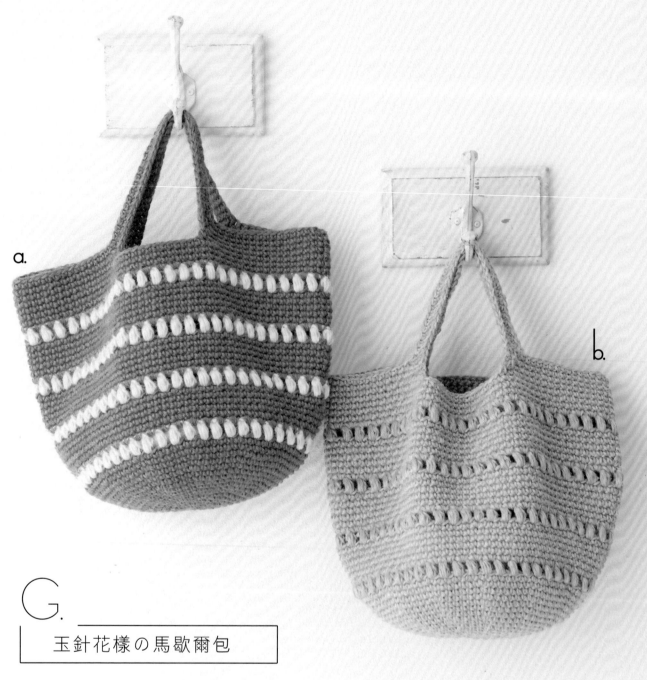

a.

b.

G.

玉針花樣の馬歇爾包

短針為主的袋身上，將蓬鬆感的玉針配置成條紋狀。
即便是相同織法，但只要改以單色編織，也可玩出截然不同的氛圍。

設計：橋本真由子
線材：Hamanaka Comacoma
織法 → p.56

H.

鳳梨花樣の手提包

將鉤針編織中頗受歡迎的鳳梨花樣，
如同鉤織墊飾般地織成圓形，再於鉤織提把時，塑造成手提包的樣式。

設計：風工房
線材：Hamanaka Comacoma
織法→p.58

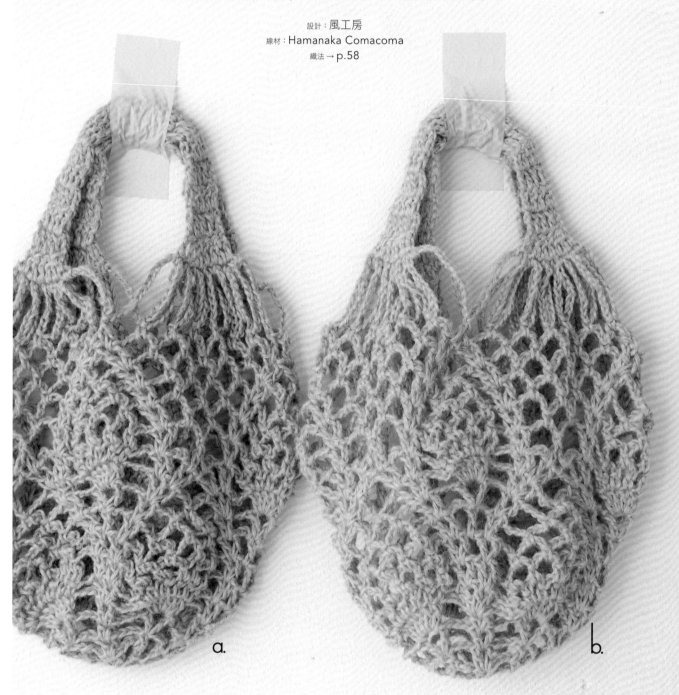

a.

b.

c.

圓形鏤空針織包

由橢圓底開始一圈圈地編織，
形成渾厚圓潤外型的包款。
蕾絲般的花樣編，
只需交替鉤織鎖針與中長針，
因此作法極為簡單。

設計：Ronique（ロニーク）
線材：Hamanaka Comacoma
織法 → p.60

a.

b.

J.

變化短針托特包

有如引上針的鉤織花樣，
其實是在前3段挑針，織入3短針而已。
隨著編織的進行，
花樣會逐漸浮現出來的有趣織法。

設計：河合真弓
製作：關谷幸子
線材：Hamanaka Comacoma
織法→p.62

a.

b.

K.

流蘇方底手提包

規律性地交替鉤織短針＆鎖針的花樣編。
接飾於小小袋蓋前端的流蘇是整體的設計焦點。

設計：Ronique
線材：Hamanaka Comacoma
織法→p.64

交叉長針大肩背包

雖是一款可以收納大量物品的大型肩背包，
但卻藉由鏤空花樣營造出輕盈質感。
V字剪裁的袋口，揹在肩上時，
不僅具有合乎人體工學的舒適度，
拿取物品也非常順手。

設計：橋本真由子
線材：Hamanaka Comacoma
織法 → p.66

a.

M

兔子圖案手提包

動物剪影圖案十分具有存在感的編織包。
由於織入圖案時，將暫休線一併包裹編織了，是袋身內側也十分簡潔清爽、使用順手的設計。

設計：今村曜子
線材：Hamanaka Comacoma
織法 → p.68·

b.

蕾絲花樣隨身袋

具適度透視感的時尚方形包，最適合當成環保購物袋使用。
為了避免提把在使用時因彈性疲勞拉長，
因此在最後進行引拔針加強定型。

設計：Ami
線材：Hamanaka Comacoma
織法→p.70

貝殼花樣時尚包

呈放射狀展開的美麗貝殼形狀，
是於一組花樣中，
一邊漸進地增加織入針數，
一邊朝袋底方向編織而成。

設計：金子祥子
線材：Hamanaka Comacoma
織法 → p.72

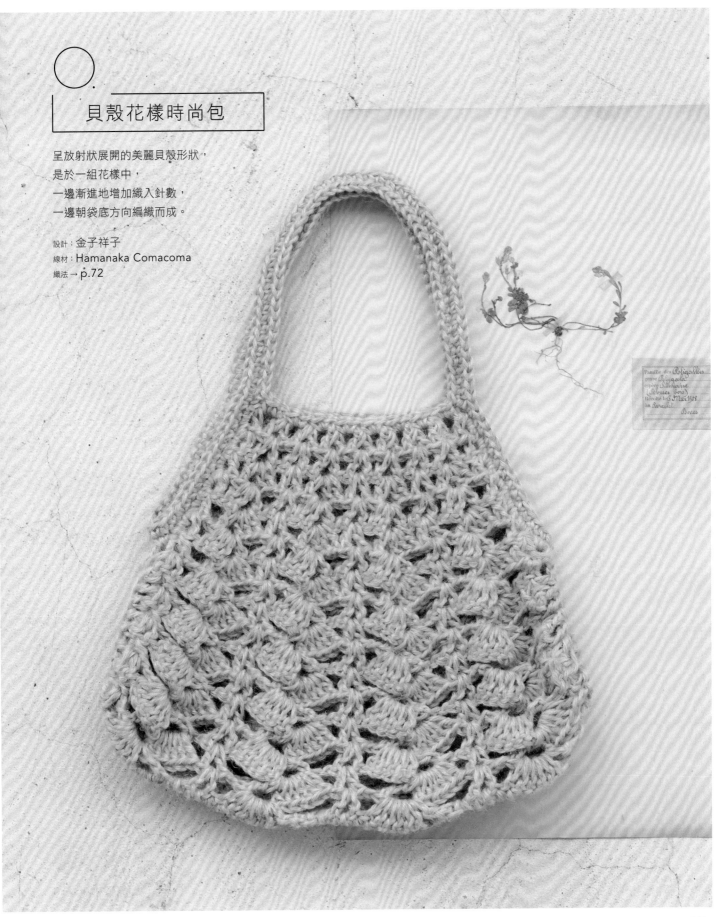

2.
混合不同素材の
編織包

麻繩與其他線材一同混合鉤織的手袋，
會作出帶有微妙差異，且手感柔軟的織品。
此單元將一併介紹後續加上刺繡圖案，
或接縫花樣織片等等，
添加上各種潤飾完成的包款。

1球編織の迷你包

作品b.的手提袋是只用一球就能編織完成,只有手掌大的尺寸。
作品a.雖是相同織法,然而加入Eco Andaria使用雙線編織,尺寸也隨之變大了。

設計:風工房
線材:(a.)Hamanaka Comacoma+Eco Andaria (b.)Hamanaka Comacoma
織法→p.49

a.

b.

馬爾歇包×2

作品a.是以Comacoma取1條線編織而成的密實織片。
作品b.則是加入Eco Andaria的雙線編織，因此整體大上一圈，且帶有微妙的色彩變化。

設計：城戶珠美
線材：（a.）Hamanaka Comacoma　（b.）Hamanaka Comacoma＋Eco Andaria《Crochet》
織法 → p.74

a.

b.

R.
祖母包

美麗貝殼編織花樣的祖母包，
是高人氣的設計款。
完成直線進行編織的袋身後，
兩端以織片包裹竹製提把、縫合，就完成了！

設計：風工房
線材：Hamanaka Comacoma＋Eco Andaria
織法→ p.76

S.

毛線混搭麻繩の托特包

於條紋中織入毛線的包款，
比起僅以麻繩編織的作品，重量更為輕盈。
壓克力素材的Bonny毛線，
由於清洗較為簡單，
使用上也能隨時保持清潔。

設計：城戶珠美
線材：Hamanaka Comacoma＋Bonny
織法→ p.78

a.

T.

雙線混織包

與Eco Andaria線材一同編織而成，
屬於袋身稍淺的馬歇爾包款。
摻雜了兩種線材後，
呈現出柔和的色調。

設計：風工房
線材：Hamanaka Comacoma＋Eco Andaria《Crochet》
織法 → p.80

b.

皮革底水桶包

猶如波紋般的色彩變化，
是於淺駝色的線材中，分別搭配4種顏色的色線鉤織而成。
大型包款只要利用皮革袋底，不僅能快速編織，
還可防止袋身變形。

設計：橋本真由子
線材：Hamanaka Comacoma＋APRICO
織法→p.82

V.

混織小方包

以粗鉤針織出較不密實的小方包，這是與Eco Andaria線材混搭編織而成。
輕盈質感與柔和色調是魅力所在。

設計：すぎやまとも
線材：Hamanaka Comacoma＋Eco Andaria
織法→p.84

a.

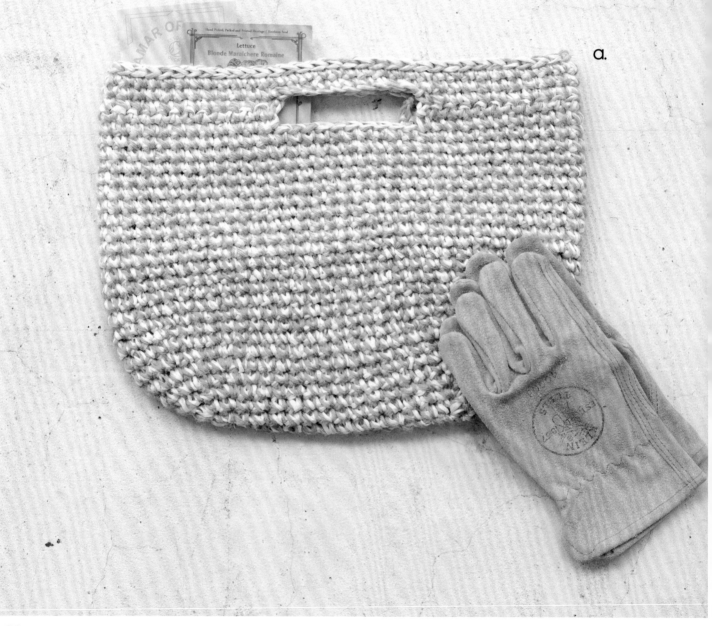

b.

W.

繡縫圓底包

於圓底迷你包上的袋口周圍，加上印花棉布飾帶·Laco Lab緞帶的繡縫。
將棉布飾帶縱向裁剪成兩半來使用，營造出輕飄飄的優雅氛圍。

設計：城戶珠美
線材：Hamanaka Comacoma
織法 → p.86

a.

b.

X. 金邊小提包

麻繩×金蔥線——
有點讓人意想不到的組合。
以自然閃爍燦亮光芒的金色線條,
點綴出時尚手袋的高雅質感。

設計:青木惠理子
線材:Hamanaka Comacoma+Emperor
織法 → p.88

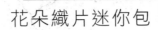

Y.

花朵織片迷你包

將以細線編織拼接的圈圈蕾絲點綴於袋身的迷你包款。
包包後側也接縫一片圈圈蕾絲作為重點裝飾。

設計：erico
線材：Hamanaka Comacoma＋Tino
織法→p.90

A 條紋藤編包 成品欣賞 p.7

◎準備材料

線材 Hamanaka Comacoma（40g／球）淺駝色（2）⋯ 185g
　　　　　　　　　　　　　　　　海軍藍（11）⋯ 105g

針具 Hamanaka Ami Ami 樂樂雙頭鉤針8/0號

密度 短針、短針的條紋花樣　12針14.5段＝10cm正方形

尺寸 參照織圖

◎織法　取1條織線，依指定配色進行鉤織。

①袋底鎖5針起針，再挑14針短針。自第2段開始，參照織圖，每段各加8針進行鉤織。

②以無加減針的環狀編織完成短針的條紋花樣袋身。

③提把鉤4針鎖針作起針，再以短針鉤織。起針側與收針側的4段各自進行往復編，中間織段皆為環狀編織。

④將提把縫合固定於袋身內側。

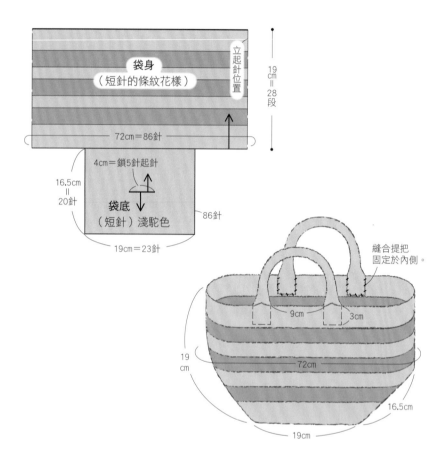

袋身（短針的條紋花樣）

立起針位置

19cm＝28段

72cm＝86針

4cm＝鎖5針起針

16.5cm＝20針

袋底（短針）淺駝色

86針

19cm＝23針

縫合提把固定於內側。

9cm　3cm

19cm

72cm

16.5cm

19cm

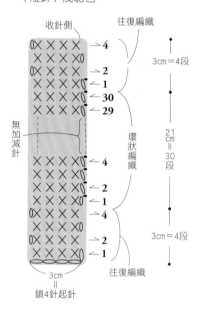

提把　2片（短針）淺駝色

收針側

往復編織

3cm＝4段

→4
←2
←1
←30
←29

無加減針

環狀編織

21cm＝30段

→4
←2
←1
→4

3cm＝4段

→2
→1

往復編織

3cm＝鎖4針起針

換色接線的方法

① 在織段終點進行引拔時，將原本的織線休織，改以配色線引拔。

② 線端大約預留5cm左右，從掛於鉤針上的針目中引拔。

③ 鉤針掛線，鉤織立起針的鎖針。

④ 一邊包入配色線的線頭，一邊以短針繼續進行編織。

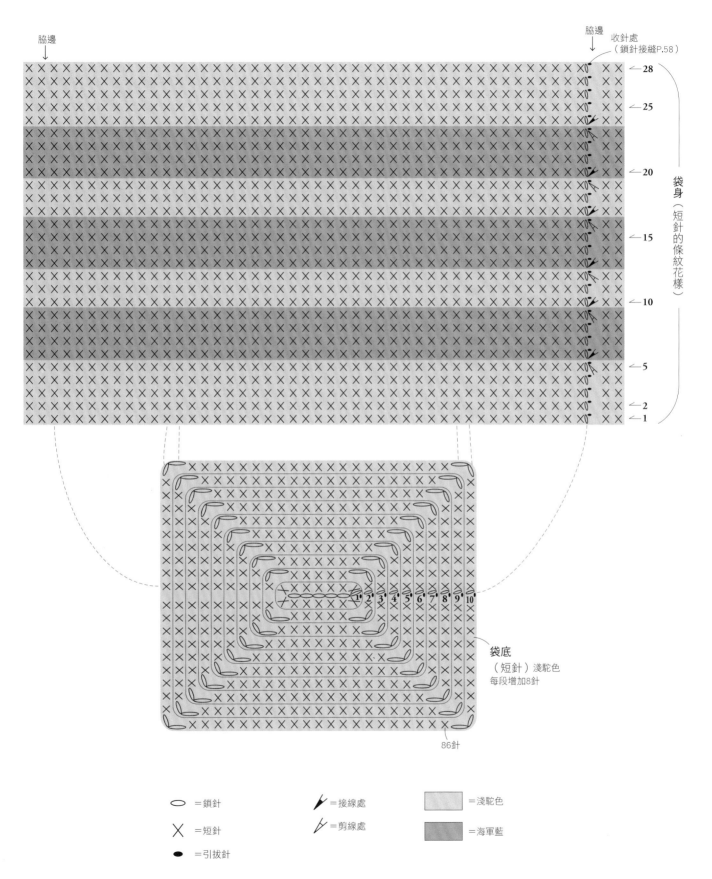

脇邊

脇邊　收針處
（鎖針接縫P.58）

←28
←25
←20
←15
←10
←5
←2
←1

袋身（短針的條紋花樣）

袋底
（短針）淺駝色
每段增加8針

1 2 3 4 5 6 7 8 9 10

86針

○ =鎖針

✕ =短針

● =引拔針

✔ =接線處

✔ =剪線處

　 =淺駝色

　 =海軍藍

45

B. 肩背托特包 成品欣賞 p.8

◎準備材料

線材 Hamanaka Comacoma（40g／球）灰色（13）…385g
白色（1）…25g

針具 Hamanaka Ami Ami 樂樂雙頭鉤針8/0號

密度 短針（輪編） 12針15段＝10cm正方形

尺寸 參照織圖

◎織法 取1條織線，依指定配色進行鉤織。

①袋底以輪狀起針鉤織6針短針。自第2段開始，參照織圖，一邊加針一邊進行鉤織。

②以無加減針的環狀編織完成短針的條紋花樣袋身。

③提把鎖4針起針，再以短針往復編織；兩邊對齊之後，以捲針縫縫合。

④將提把縫合固定於袋身外側。

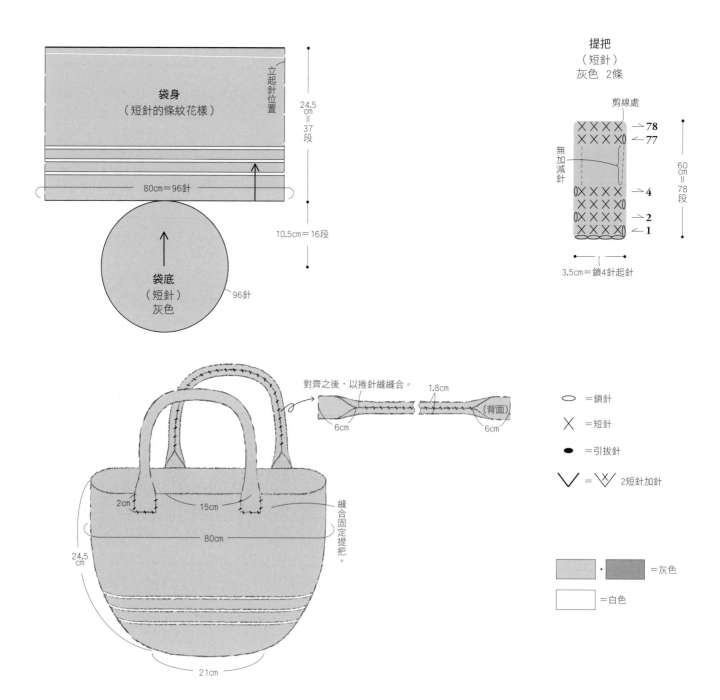

袋身
（短針的條紋花樣）

24.5cm＝37段

80cm＝96針

立起針位置

10.5cm＝16段

袋底
（短針）
灰色

96針

提把
（短針）
灰色 2條

剪線處

→78
←77

無加減針

→4
→2
←1

60cm＝78段

3.5cm＝鎖4針起針

對齊之後，以捲針縫縫合。

1.8cm

（背面）

6cm

6cm

2cm

15cm

80cm

24.5cm

21cm

縫合固定提把。

◯ ＝鎖針

╳ ＝短針

● ＝引拔針

╲╱ ＝ ╲╳╱ 2短針加針

▨ ・ ▨ ＝灰色

☐ ＝白色

46

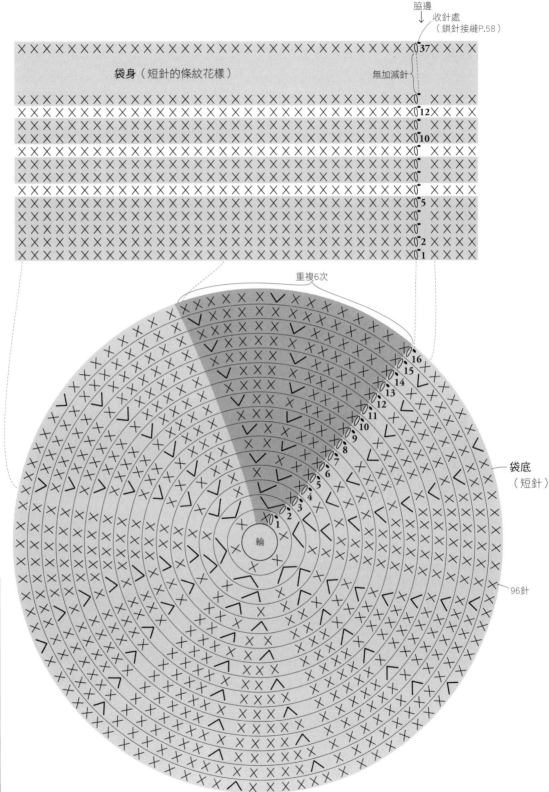

脇邊
↓
收針處
（鎖針接縫P.58）

袋身（短針的條紋花樣）　　　　　　　無加減針

○37

○12
○10

○5

○2
○1

重複6次

○16
○15
○14
○13
○12
○11
○10
○9
○8
○7
○6
○5
○4
○3
○2
○1

輪

袋底
（短針）

96針

袋底針數＆加針方法

段	針數	加針方法
16	96針	
15	90針	
14	84針	
13	78針	
12	72針	
11	66針	
10	60針	每段增加6針
9	54針	
8	48針	
7	42針	
6	36針	
5	30針	
4	24針	
3	18針	
2	12針	
1	織入6針	

C. 雙色小方包　成品欣賞 p.9

◎準備材料

線材　Hamanaka Comacoma（40g／球）
淺駝色（2）…125g
黑色（12）…110g

針具　Hamanaka Ami Ami 樂樂雙頭鉤針8/0號

密度　短針　12.5針=10cm　11段=7.5cm
花樣編　12.5針9.5段=10cm正方形

尺寸　參照織圖

◎織法　取1條織線，依指定配色進行鉤織。

① 袋底鎖28針起針，參照織圖，以短針一邊加針一邊鉤織。

② 以短針（最終段增加2針）、花樣編進行袋身的環狀編織。

③ 以短針鉤織袋口處＆提把。織完1段之後暫休針，再於指定位置接線，鉤織提把的16針鎖針起針，並以之前休針的織線鉤織3段短針。

④ 以28針短針包編提把。

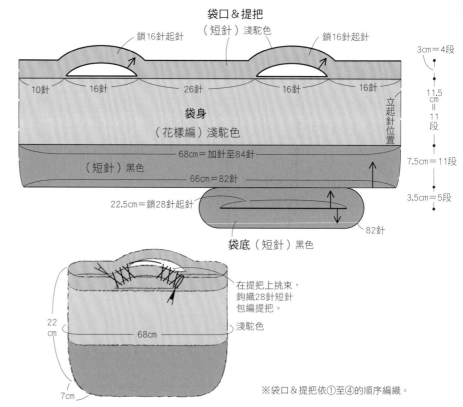

袋口＆提把
（短針）淺駝色
鎖16針起針　　鎖16針起針
10針　16針　　26針　　16針　16針
袋身
（花樣編）淺駝色
立起針位置
68cm=加針至84針
（短針）黑色
66cm=82針
22.5cm=鎖28針起針
袋底（短針）黑色
82針
3cm=4段
11.5cm=11段
7.5cm=11段
3.5cm=5段

在提把上挑束，
鉤織28針短針
包編提把。
22cm
68cm
淺駝色
7cm

※袋口＆提把依①至④的順序編織。

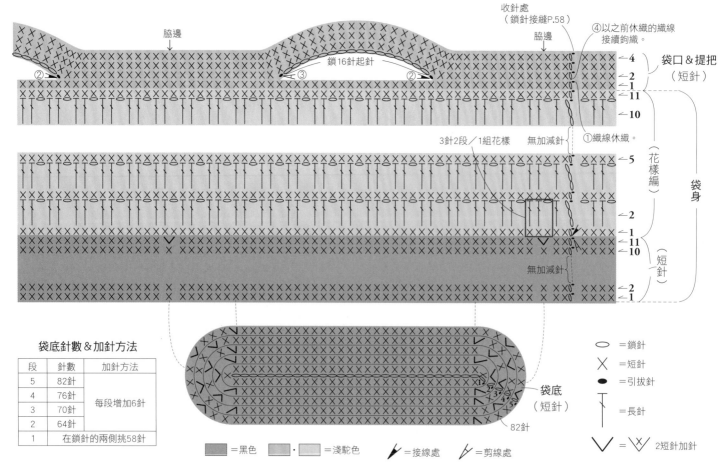

脇邊　　　鎖16針起針　　脇邊
收針處
（鎖針接縫P.58）
④以之前休織的織線接續鉤織。
袋口＆提把
（短針）
4
2
1
11
10
①織線休織。
3針2段／1組花樣　無加減針
（花樣編）
5
2
1
11
10
袋身
（短針）
無加減針
2
1

袋底
（短針）
82針

袋底針數＆加針方法

段	針數	加針方法
5	82針	每段增加6針
4	76針	
3	70針	
2	64針	
1	在鎖針的兩側挑58針	

=黑色　　=淺駝色　　=接線處　　=剪線處

〇 =鎖針
✕ =短針
● =引拔針
⊤ =長針
∨ =W =2短針加針

P. 1 球編織の迷你包 成品欣賞 p.29

◎準備材料

線材 **a.** Hamanaka Comacoma（40g／球）粉紅色（14）… 50g

Hamanaka Eco Andaria（40g／球）米白色（168）…23g

b. Hamanaka Comacoma 粉紅色（14）…39g

針具 Hamanaka Ami Ami 樂樂雙頭鉤針8/0號

密度 **a.** 短針 11.5針12.5段＝10cm正方形

b. 短針 15針18段＝10cm正方形

尺寸 參照織圖

◎織法 **a.**粉紅色＆米白色各取1條以2條織線鉤織。

b.取1條粉紅色織線進行鉤織。

①袋底＆袋身以輪狀起針，鉤織8針短針。

②自第2段開始，參照織圖，一邊加針一邊環狀編織；並於鉤織最終段時，鉤織提把的9針鎖針。

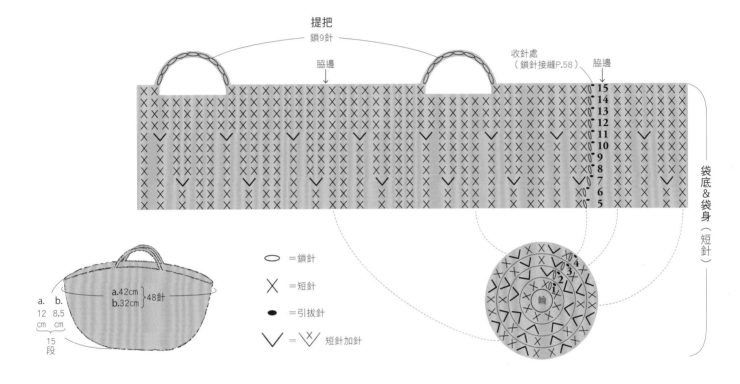

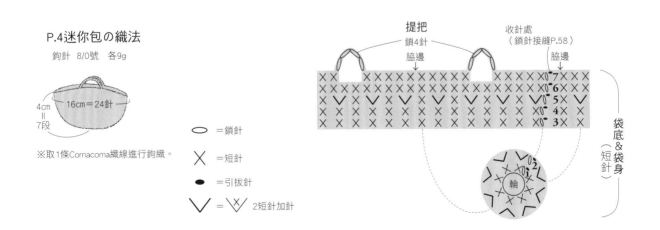

P.4迷你包の織法

鉤針 8/0號 各9g

4cm＝16cm＝24針

7段

※取1條Comacoma織線進行鉤織。

○ ＝鎖針

╳ ＝短針

● ＝引拔針

∨ ＝ 2短針加針

D. 引上編織包　成品欣賞 p.10・p.11

◎準備材料

線材 Hamanaka Comacoma（40g／球）
　　　a. 棕色（10）　**b.** 淺駝色（2）…各360g

針具 Hamanaka Ami Ami 樂樂雙頭鉤針8/0號

密度 短針・花樣編　13針13.5段＝10cm正方形

尺寸 參照織圖

◎織法　取1條織線進行鉤織。

①袋底以輪狀起針，鉤織6針短針。自第2段開始，參照織圖，每段各增加6針進行鉤織。

②以花樣編環狀編織袋身；袋口與提把＜外側＞則是在指定位置鉤織25針鎖針起針，以短針進行鉤織。

③提把＜內側＞於指定位置接線，以短針進行鉤織。

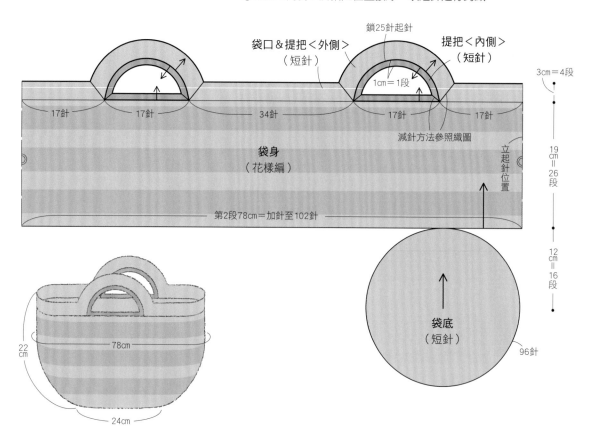

袋口＆提把＜外側＞（短針）　鎖25針起針　提把＜內側＞（短針）

1cm＝1段

17針　17針　34針　17針　17針

減針方法參照織圖

袋身（花樣編）

第2段78cm＝加針至102針

立起針位置

3cm＝4段

19cm＝26段

12cm＝16段

袋底（短針）　96針

78cm

22cm

24cm

裡引短針

① 由外側橫向穿入鉤針，挑前段短針的針腳。

② 鉤針掛線後，依箭頭指示往織片的外側拉出。

③ 稍微將織線拉長一些，依短針的要領鉤織。

④ 前段針頭的鎖針於內側（正面）露出。

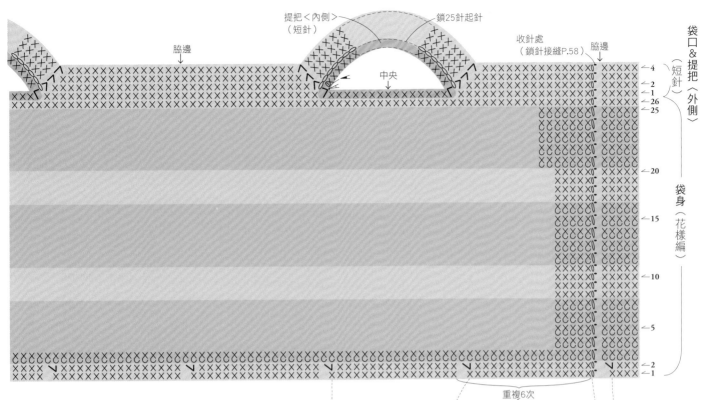

提把〈內側〉
（短針）

鎖25針起針

脇邊

收針處
（鎖針接縫P.58）

脇邊

袋口&提把〈外側〉
（短針）

中央

←4
←2
←1
←26
←25

←20

袋身（花樣編）

←15

←10

←5

←2
←1

重複6次

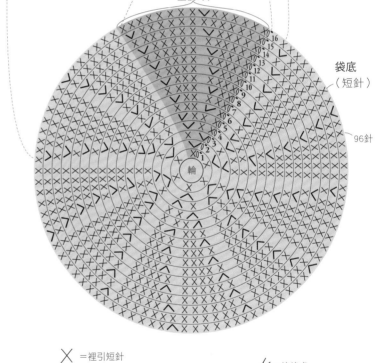

袋底
（短針）

96針

輪

袋底針數&加針方法

段	針數	加針方法
16	96針	
15	90針	
14	84針	
13	78針	
12	72針	
11	66針	
10	60針	每段增加6針
9	54針	
8	48針	
7	42針	
6	36針	
5	30針	
4	24針	
3	18針	
2	12針	
1	織入6針	

◯ =鎖針

╳ =短針

● =引拔針

∨ = ⋎ =2短針加針

∧ = ⋏ =2短針併針

ⳤ =裡引短針

從前段針柱外側穿入鉤針後，
再往外側穿出，並於鉤針掛線，
鉤織短針。

⟋ =接線處

⟋ =剪線處

E. 扇形飾邊包 成品欣賞 p.12

◎準備材料

線材　Hamanaka Comacoma（40g／球）黃色（3）⋯ 260g

針具　Hamanaka Ami Ami 樂樂雙頭鉤針8/0號

密度　短針　14針15段＝10cm正方形

尺寸　參照織圖

◎織法　取1條織線進行鉤織。

①袋底以輪狀起針，鉤織6針短針。自第2段開始，參照織圖，一邊加針一邊進行鉤織。

②以短針進行袋身的無加減針環狀編織。

③鉤織提把。於第21段的指定位置接線，鉤40針鎖針起針，再以短針鉤織提把＜內側＞，再以之前休織的袋身織線，鉤織袋口＆提把＜外側＞。

④緣飾鎖90針起針，並參照織圖鉤織3段。

⑤將緣飾疊放於袋口處，在相對的每一針中鉤織1針引拔針作併縫。

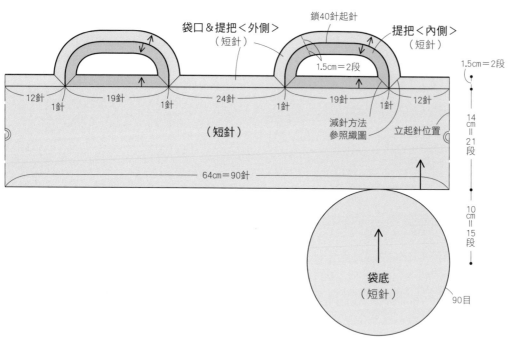

緣飾

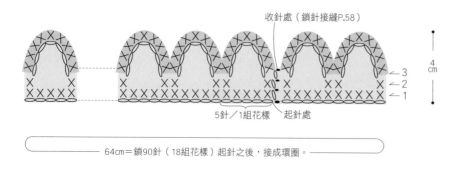

將袋口最終段的針目與緣飾的起針疊放，在相對的每一針中鉤織1針引拔針作併縫。（提把的起針也算作1針）

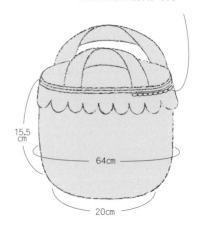

◯＝鎖針

✕＝短針

●＝引拔針

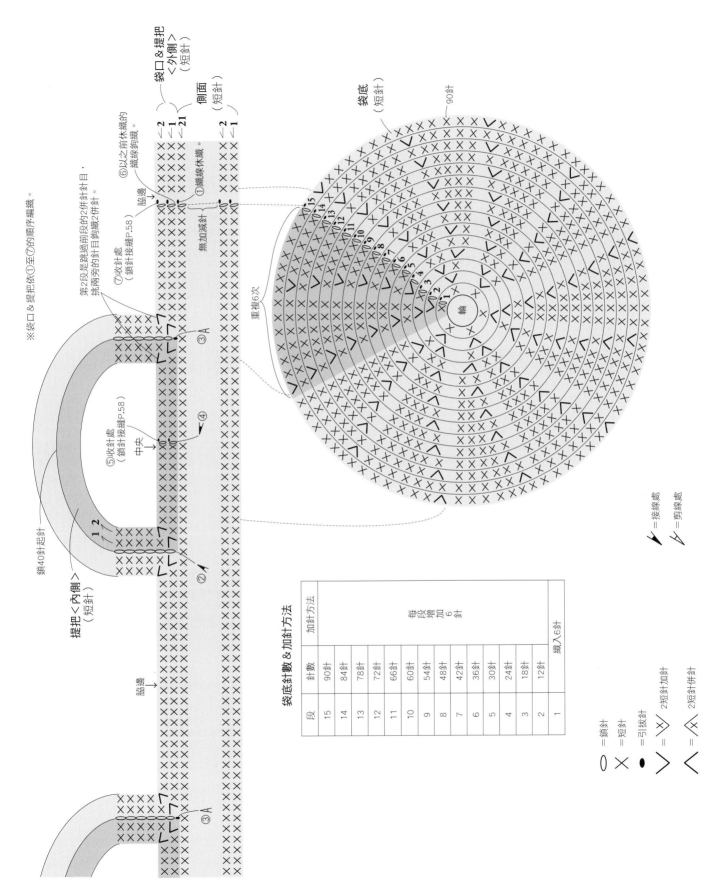

※袋口&提把依①至⑦的順序編織。

袋口&提把
<外側>
(短針)

提把<內側>
(短針)

鎖40針起針

袋底
(短針)

90針

⑥以之前休織的織線鉤織。

①織線休織

第2段是跳過前段的2併針針目，挑兩旁的針目鉤織2併針。

⑦收針處
(鎖針接縫P.58)

脇邊

無加減針

⑤收針處
(鎖針接縫P.58)

中央

側面
(短針)

<2
<1
21

<2
<1

輪

重複6次

③A

④

②

③A

脇邊

袋底針數&加針方法

段	針數	加針方法
15	90針	每段增加6針
14	84針	
13	78針	
12	72針	
11	66針	
10	60針	
9	54針	
8	48針	
7	42針	
6	36針	
5	30針	
4	24針	
3	18針	
2	12針	
1	織入6針	

○ =鎖針
× =短針
• =引拔針
∨ = ⊻ 2短針加針
∧ = ∧ 2短針併針

↗ =接線處
↘ =剪線處

F. 幸運草緣飾包 成品欣賞 p.12・p.13

◎準備材料

線材 Hamanaka Comacoma（40g／球）海軍藍（11）… 155g
　　　　　　　　　　　　　　　　　　苔蘚綠（9）… 40g

針具 Hamanaka Ami Ami 樂樂雙頭鉤針8/0號

密度 短針　14針15段＝10cm正方形

尺寸 參照織圖

◎織法　取1條織線，依指定配色進行鉤織。

①袋底以輪狀起針，鉤織6針短針。自第2段開始，參照織圖，一邊加針一邊進行鉤織。

②以短針進行袋身的無加減針環狀編織。

③鉤織提把。於第17段的指定位置接線，鉤30針鎖針起針，再以短針鉤織提把＜內側＞，再以之前休織的袋身織線，鉤織袋口＆提把＜外側＞。

④花朵織片以輪狀起針，參照織圖編織12片。起針處＆收針處的線端各預留15至20cm。

⑤以收針處的線端將花朵織片接縫固定於袋身。

⑥以起針處的線端併縫所有的花朵織片。

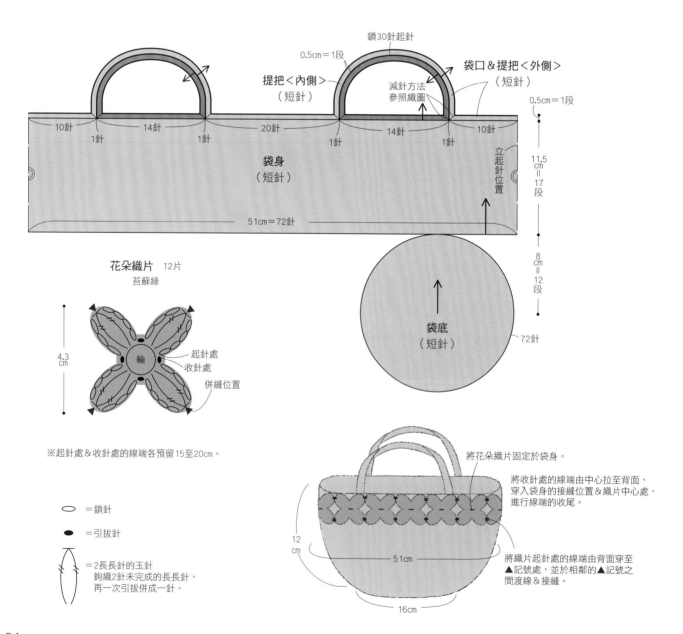

鎖30針起針

0.5cm＝1段

提把＜內側＞
（短針）

袋口＆提把＜外側＞
（短針）

減針方法
參照織圖

10針　14針　　20針　　14針　10針
1針　　　　1針　　　1針　　　1針

袋身
（短針）

立起針位置

51cm＝72針

0.5cm＝1段

11.5cm＝17段

8cm＝12段

袋底
（短針）

72針

花朵織片　12片
苔蘚綠

4.3cm

輪

起針處
收針處
併縫位置

※起針處＆收針處的線端各預留15至20cm。

○ ＝鎖針

● ＝引拔針

＝2長長針的玉針
鉤織2針未完成的長長針，再一次引拔併成一針。

將花朵織片固定於袋身。

將收針處的線端由中心拉至背面，穿入袋身的接縫位置＆織片中心處，進行線端的收尾。

12cm

51cm

16cm

將織片起針處的線端由背面穿至▲記號處，並於相鄰的▲記號之間渡線＆接縫。

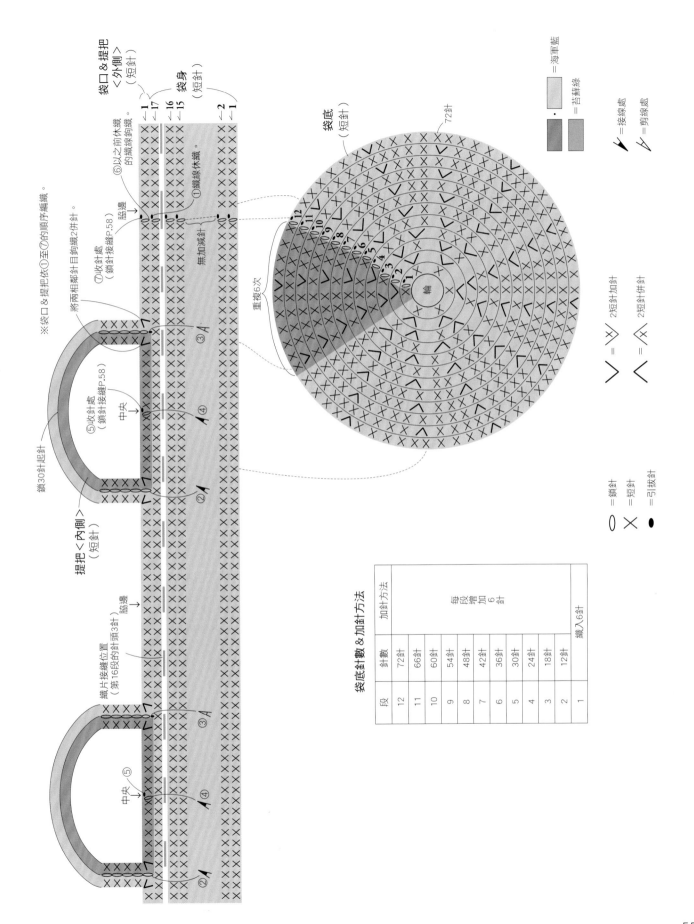

袋口＆提把
＜外側＞
（短針）

袋身
（短針）

←17
←16
←15

←2
←1

袋底
（短針）

72針

※袋口＆提把依①至⑦的順序編織。

⑥以之前休織的織線鉤織。

①織線休織。

⑥以前相鄰針目鉤織2併針

⑦收針處
（鎖針接縫P.58）

脇邊

無加減針

重複6次

⑤收針處
（鎖針接縫P.58）

鎖30針起針

提把＜內側＞
（短針）

中央
↓

③A

④

②

織片接縫位置
（第16段的針頭3針）

脇邊

中央
↓

⑤

③A

④

②

袋底針數＆加針方法

段	針數	加針方法
12	72針	每段增加6針
11	66針	
10	60針	
9	54針	
8	48針	
7	42針	
6	36針	
5	30針	
4	24針	
3	18針	
2	12針	
1	6針	織入6針

＝海軍藍
＝苔鮮綠

· ＝苔鮮綠

＝海軍藍
＝苔鮮綠

↙＝接線處
↙＝剪線處

∨ ＝ ∨ 2短針加針

∧ ＝ ∧ 2短針併針

○ ＝鎖針
╳ ＝短針
● ＝引拔針

55

G. 玉針花樣の馬歇爾包 成品欣賞 p.14・p.15

◎**準備材料**

線材 Hamanaka Comacoma（40g／球）

    a. 紫色（6）… 275g　白色（1）… 80g

    b. 淺駝色（2）… 350g

針具 Hamanaka Ami Ami 樂樂雙頭鉤針8/0號

密度 短針　14針16段＝10cm正方形

    a. 花樣編的條紋花樣　**b.** 花樣編

    14針＝10cm　7段＝5.5cm

尺寸 參照織圖

◎**織法**　取1條織線，**a.** 依指定配色，**b.** 以淺駝色單色鉤織。

①袋底以輪狀起針，鉤織6針短針。自第2段開始，參照織圖，一邊加針一邊進行鉤織。

②鉤織花樣編的條紋花樣，一邊加針一邊環狀編織袋身。

③提把是鉤織袋口時，在指定處鉤織38針鎖針起針；再以短針接續鉤織袋口＆提把。

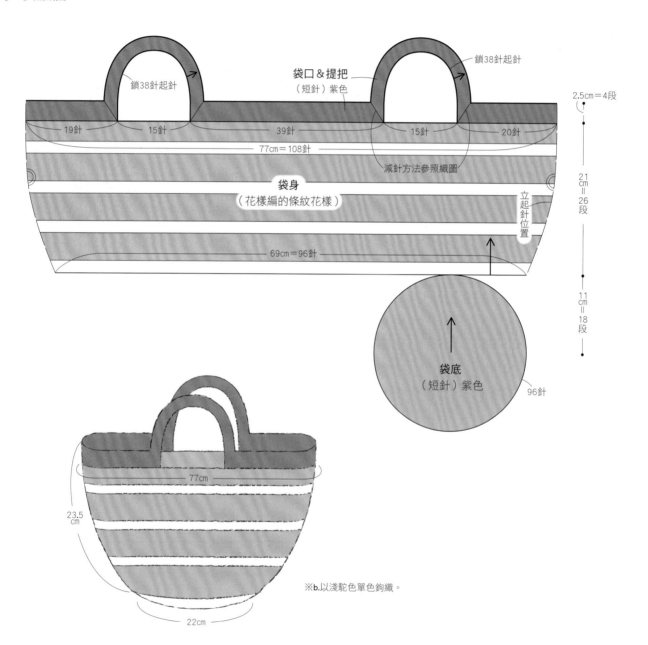

鎖38針起針

袋口＆提把
（短針）紫色

鎖38針起針

19針　15針　39針　15針　20針

77cm＝108針

減針方法參照織圖

2.5cm＝4段

袋身
（花樣編的條紋花樣）

21cm＝26段

立起針位置

69cm＝96針

11cm＝18段

袋底
（短針）紫色

96針

77cm

23.5cm

22cm

※**b.**以淺駝色單色鉤織。

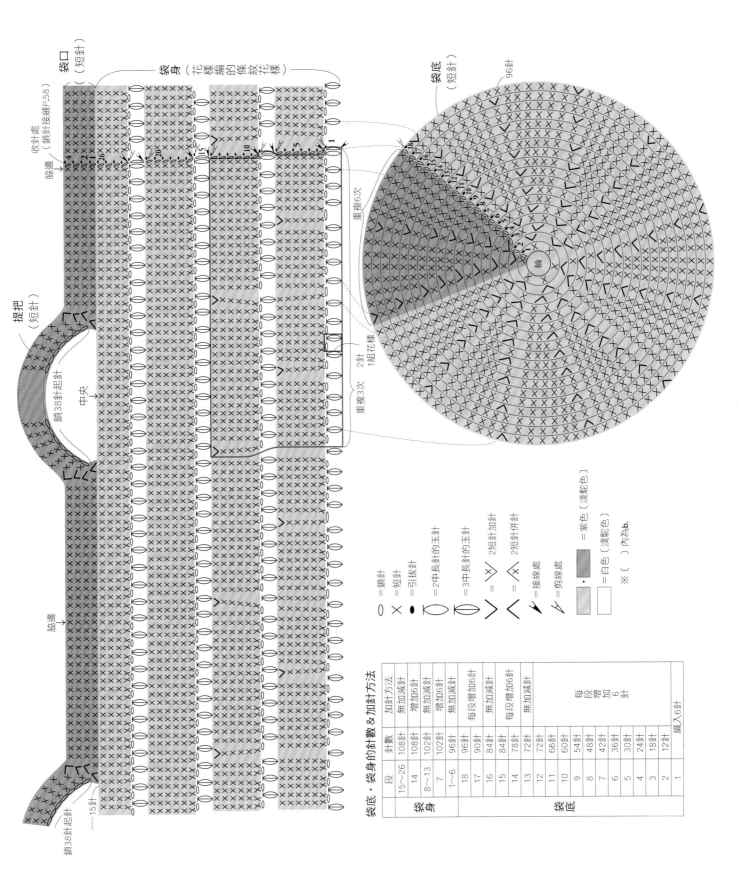

袋口（短針）

收針處（鎖針接縫P.58）

脇邊

袋身（花樣編的條紋花樣）

提把（短針）

鎖38針起針

中央

脇邊

鎖38針起針

—15針

重複6次

重複3次

2針1組花樣

袋底（短針）

96針

輪

＝鎖針
×＝短針
●＝引拔針
＝2中長針的玉針
＝3中長針的玉針
＝2短針加針
＝2短針併針
＝接線處
＝剪線處
＝紫色（淺駝色）
·＝白色（淺駝色）
□＝白色
※（ ）內為b.

袋底・袋身的針數＆加針方法

	段	針數	加針方法
袋身	15~26	108針	無加減針
	14	108針	增加6針
	8~13	102針	無加減針
	7	102針	增加6針
	1~6	96針	無加減針
袋底	18	96針	每段增加6針
	17	90針	
	16	84針	無加減針
	15	84針	每段增加6針
	14	78針	
	13	72針	無加減針
	12	72針	每段增加6針
	11	66針	
	10	60針	每段增加6針
	9	54針	
	8	48針	
	7	42針	
	6	36針	
	5	30針	
	4	24針	
	3	18針	
	2	12針	
	1	6針	織入6針

H 鳳梨花樣の手提包 成品欣賞 p.16・p.17

◎準備材料

線材 Hamanaka Comacoma（40g／球）
　　　a. 淺駝色（2）**b.** 黃色（3）**c.** 白色（1）…各185g
針具 Hamanaka Ami Ami 樂樂雙頭鉤針8/0號
密度 長針　1段＝1.8cm
尺寸 參照織圖

◎織法　取1條織線進行鉤織。

①袋底以輪狀起針，並參照織圖，以花樣編一邊加針一邊進行環狀編織。

②鉤織1段袋口之後，剪斷織線。

③提把第1段的短針，是在袋口的指定處挑針，自第2段開始則改以長針往復編織。

④對齊提把所有的合印記號，以捲針縫縫合。

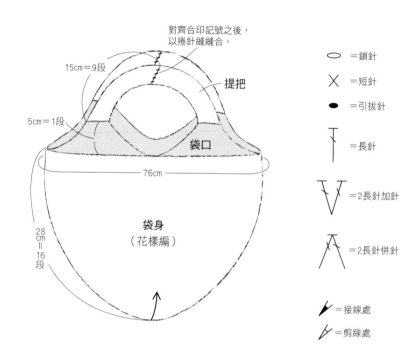

對齊合印記號之後，以捲針縫縫合。

15cm＝9段

5cm＝1段

提把

袋口

76cm

28cm＝16段

袋身（花樣編）

○ ＝鎖針
╳ ＝短針
● ＝引拔針
┬ ＝長針
Ⅴ ＝2長針加針
Λ ＝2長針併針
✎ ＝接線處
✄ ＝剪線處

鎖針接縫　※為了更淺顯易懂，因此改以不同色線進行解說。

① 待織完最後1針時取下鉤針，線端大約預留15cm長之後剪斷，並拉出線端。

② 將線端穿入縫針，挑第1針短針的針頭2條線。

③ 拉出線端，縫針再穿回最後的短針針頭中央。

④ 拉緊線端。第1針與最後1針之間形成1針鎖針，完成整齊的連接。

提把

9

5

2
1

★

9

5

提把

2
1

★

21

21

中央

19

19

17

17

15

15

17

17

19

19

21

21

脇邊

輪

1 2 3 4 5 6

7

8

9

10

11

12

13

14

15

16

1

脇邊

21

21

19

19

17

17

袋身
（短針）

15

15

17

17

袋口

提把

1
2

5

9

☆

提把

1
2

5

9

☆

19

19

21

21

中央

圓形鏤空針織包 成品欣賞 p.18・p.19

◎準備材料

線材 Hamanaka Comacoma（40g／球）
　　a. 苔蘚綠（9）**b.** 淺駝色（2）…各470g
針具 Hamanaka Ami Ami 樂樂雙頭鉤針8/0號
密度 短針　14針15段＝10cm正方形
　　花樣編　14針＝10cm　8段＝8cm
尺寸 參照織圖

◎織法　取1條織線進行鉤織。

①袋底鉤26針鎖針起針，並參照織圖，以短針一邊加針一邊進行鉤織。
②以短針＆花樣編進行袋身的無加減針環狀編織。
③於指定位置接線，以短針往復編織袋口＆提把。
④分別對齊提把的合印記號，以捲針縫縫合。

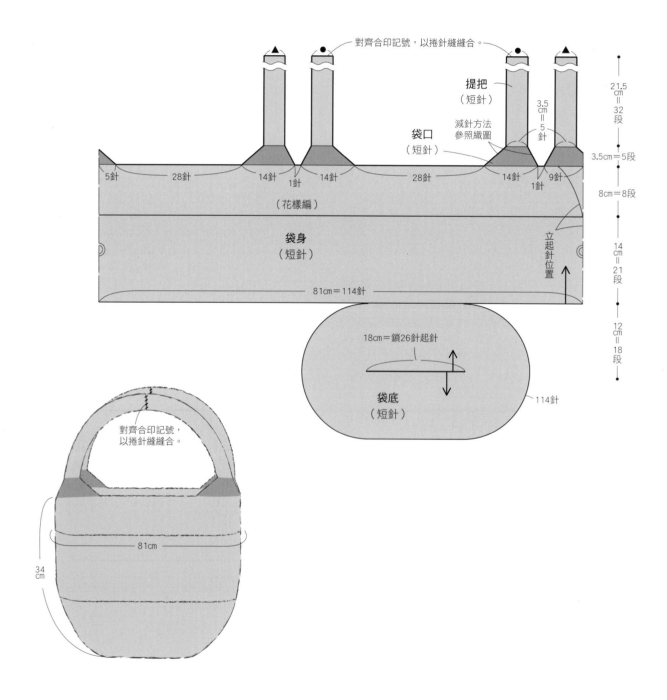

60

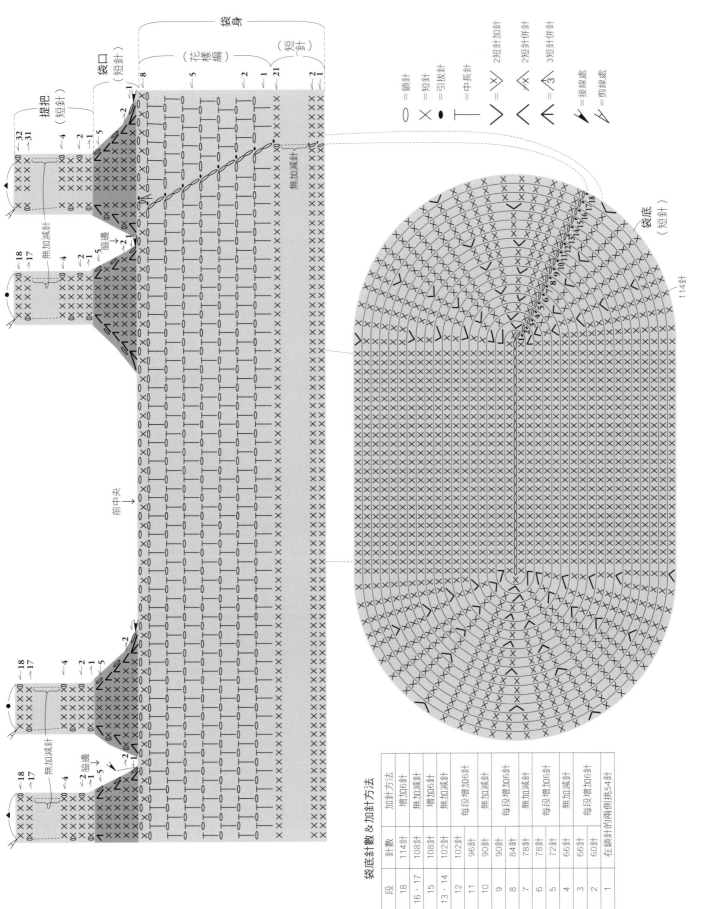

袋底針數＆加針方法

段	針數	加針方法
18	114針	增加6針
16・17	108針	無加減針
15	108針	增加6針
13・14	102針	無加減針
12	102針	每段增加6針
11	96針	無加減針
10	90針	每段增加6針
9	90針	無加減針
8	84針	每段增加6針
7	78針	無加減針
6	78針	每段增加6針
5	72針	無加減針
4	66針	每段增加6針
3	66針	無加減針
2	60針	每段增加6針
1		在鎖針的兩側挑54針

J. 變化短針托特包 　成品欣賞 p.20．p.21

◎準備材料

線材　Hamanaka Comacoma（40g／球）
　　　　a. 可可棕（15）**b.** 黃色（3）…各260g

針具　Hamanaka Ami Ami 樂樂雙頭鉤針8/0號

密度　短針　12.5針＝10cm　12段＝9cm
　　　　花樣編　12.5針16.5段＝10cm正方形

尺寸　參照織圖

◎織法　取1條織線進行鉤織。

①袋底以輪狀起針，鉤織8針短針。自第2段開始，參照織圖，一邊加針一邊進行鉤織。

②以短針＆花樣編進行袋身的無加減針環狀編織。

③提把鉤40針鎖針作起針，並以短針往復編織。

④將提把縫合固定於袋身內側。

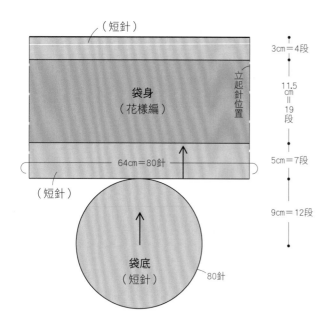

（短針）
袋身
（花樣編）
立起針位置
（短針）
64cm＝80針
袋底
（短針）
80針

3cm＝4段
11.5cm＝19段
5cm＝7段
9cm＝12段

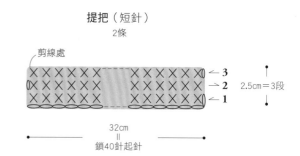

提把（短針）
2條
剪線處
2.5cm＝3段
32cm＝鎖40針起針

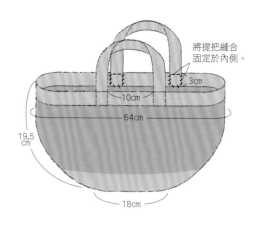

將提把縫合固定於內側。
3cm
10cm
64cm
19.5cm
18cm

\/的織法　※為了更淺顯易懂，因此改以不同色線進行解説。

① 依箭頭指示穿入鉤針後，稍微長長地鉤出織線，將前段＆前前段一併包裹鉤織。

② 鉤針掛線，鉤織短針。

③ 織好1針短針後，依相同要領，於同一針目中織入共3針短針。

④ 織好3針短針。

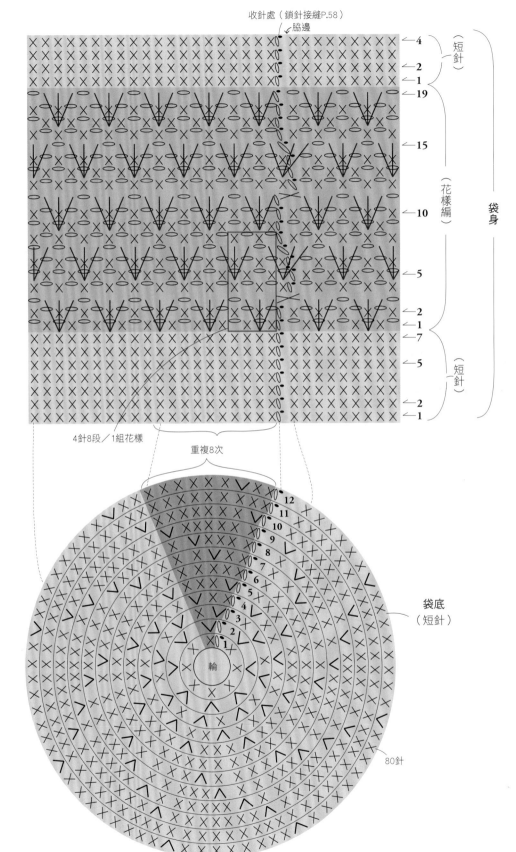

収針處（鎖針接縫P.58）
脇邊

← 4
← 2
← 1 ｝（短針）
← 19
← 15
← 10
← 5
← 2
← 1
← 7
← 5 ｝（花樣編）
← 2
← 1 ｝（短針）

袋身

4針8段／1組花樣

重複8次

袋底（短針）

輪

80針

○ =鎖針

✕ =短針

● =引拔針

∨ = ∨ 2短針加針

=一邊包編前段、前前段，一邊織入3針短針。

袋底針數＆加針方法

段	針數	加針方法
12	80針	增加8針
11	72針	無加減針
10	72針	每段增加8針
9	64針	
8	56針	
7	48針	
6	40針	無加減針
5	40針	每段增加8針
4	32針	
3	24針	
2	16針	
1	織入8針	

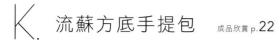

K. 流蘇方底手提包 成品欣賞 p.22

◎準備材料

線材　Hamanaka Comacoma（40g／球）淺駝色（2）…235g
針具　Hamanaka Ami Ami 樂樂雙頭鉤針8/0號
密度　花樣編　16針15.5段＝10㎝正方形
尺寸　參照織圖

◎織法　取1條織線進行鉤織。

①袋底鉤36針鎖針作起針，並以花樣編無加減針鉤織11段。

②繼續以花樣編鉤織往復編的輪編，完成無加減針的袋身後剪斷織線。

③於指定位置接線後，分別以花樣編鉤織袋口、提把與掀蓋。

④分別對齊提把的合印記號，以捲針縫縫合。

⑤製作流蘇並縫合固定於掀蓋前端。

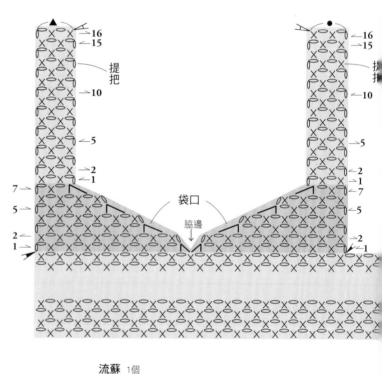

流蘇　1個

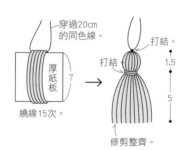

以捲針縫縫合合印記號。

將流蘇接縫於掀蓋前端。

1.5cm
5cm
60cm
17cm
22cm
7cm

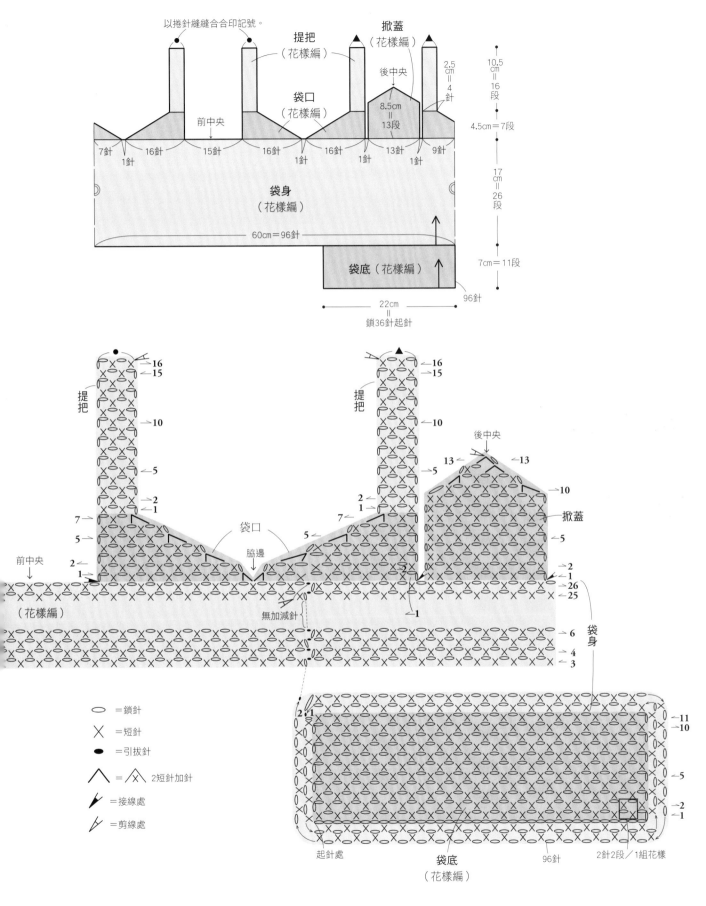

以捲針縫縫合合印記號。

提把（花樣編）

掀蓋（花樣編）

袋口（花樣編）

後中央

前中央

2.5cm＝4針

8.5cm＝13段

7針 1針 16針 15針 16針 1針 16針 1針 13針 1針 9針

袋身（花樣編）

60cm＝96針

袋底（花樣編）

22cm＝鎖36針起針

96針

10.5cm＝16段
4.5cm＝7段
17cm＝26段
7cm＝11段

提把
←16
→15
←10
←5
→2
←1
7→
5→
2→
1→

前中央

（花樣編）

袋口
脇邊

提把
←16
→15
←10
→5
2←
1→
7→
5→

無加減針

5→
→1

掀蓋
←16
→15
後中央
13← →13
←10
←5
→2
←1
→26
→25
←6
←4
→3

2→ 1→

袋身

○＝鎖針
✕＝短針
●＝引拔針
＝2短針加針
＝接線處
＝剪線處

2→ 1→

起針處

袋底（花樣編）

96針

2針2段／1組花樣

←11
←10
←5
←2
←1

65

L. 交叉長針大肩背包　　成品欣賞 p.23

◎準備材料

線材　Hamanaka Comacoma
（40g／球）
苔蘚綠（9）… 525g

針具　Hamanaka Ami Ami
樂樂雙頭鉤針8/0號

密度　花樣編A
15針9段＝10cm正方形
花樣編B
15針7.5段＝10cm正方形

尺寸　參照織圖

◎織法　取1條織線進行鉤織。

①袋底鉤47針鎖針作起針，並以花樣編A往復編織15段。

②繼續沿袋底周圍環狀編織花樣編B，完成袋身後剪斷織線。

③於指定位置接線，以花樣編A往復編織袋口＆提把。

④分別對齊提把的合印記號之後，以捲針縫縫合。

⑤於袋口＆提把的周圍鉤織緣編。

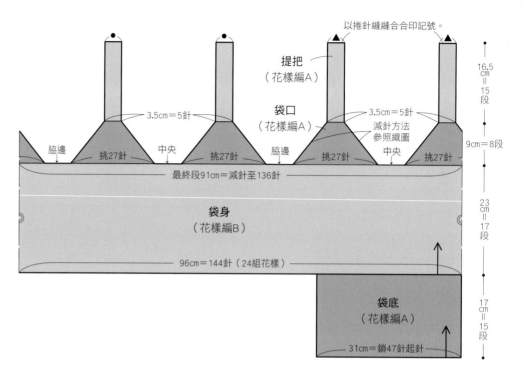

以捲針縫縫合合印記號。

提把（花樣編A）

袋口（花樣編A）

3.5cm＝5針　　　　　　3.5cm＝5針

減針方法參照織圖

脇邊　挑27針　中央　挑27針　脇邊　挑27針　中央　挑27針

最終段91cm＝減針至136針

袋身（花樣編B）

96cm＝144針（24組花樣）

袋底（花樣編A）

31cm＝鎖47針起針

16.5cm＝15段

9cm＝8段

23cm＝17段

17cm＝15段

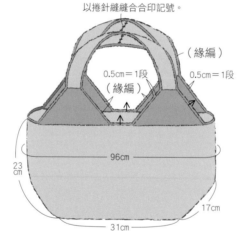

以捲針縫縫合合印記號。

（緣編）

0.5cm＝1段　（緣編）　0.5cm＝1段

96cm

23cm

17cm

31cm

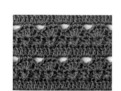

✗交叉長針　※為了更淺顯易懂，因此改以不同色線進行解說。

① 跳2針之後，鉤織1針長針與1針鎖針。鉤針掛線，依箭頭指示往回穿入鉤針。

② 鉤針掛線，拉出織線，並依箭頭指示引拔。

③ 再次於鉤針掛線後引拔。

④ 後織的長針會將先前織好的針目包編起來。

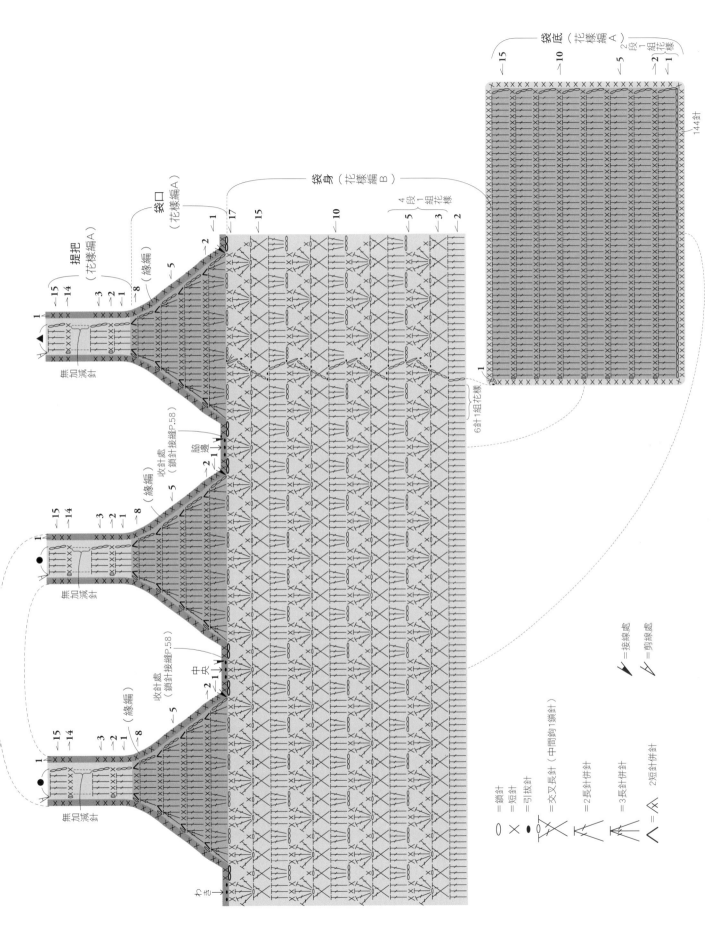

M 兔子圖案手提包　成品欣賞 p.24 · p.25

◎準備材料

線材　Hamanaka Comacoma（40g／球）

　　　　a. 海軍藍（11）… 220g　白色（1）… 60g

　　　　b. 橘色（8）… 220g　白色（1）… 60g

針具　Hamanaka Ami Ami 樂樂雙頭鉤針8/0號

密度　短針　14.5針＝10cm　6段＝4cm

　　　　短針筋編的織入花樣　14.5針14段＝10cm正方形

尺寸　參照織圖

◎**織法**　取1條織線，依指定配色進行鉤織。

①袋底鉤40針鎖針作起針，以短針往復編織6段，再沿周圍編織1段。

②以短針筋編的織入花樣＆短針進行袋身的無加減針環狀編織。

③提把是鉤織袋口時，在指定處鉤25針鎖針作起針；再以短針接續鉤織袋口＆提把。最終段則以引拔針編織。

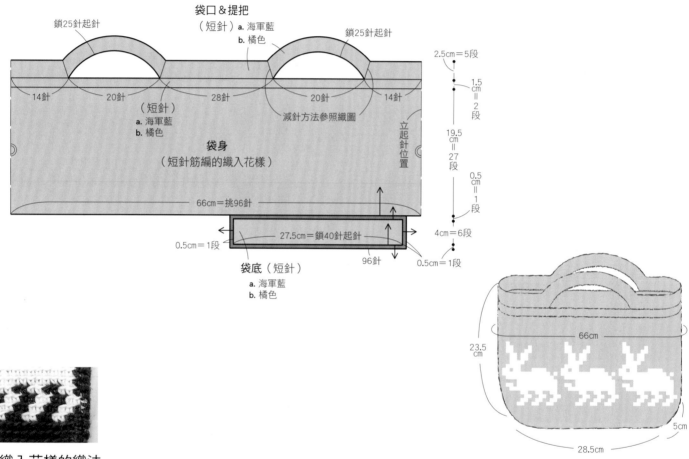

袋口＆提把
（短針）a. 海軍藍
　　　　b. 橘色

鎖25針起針　　　　　　　　　　　　　　鎖25針起針

14針　　20針　　　（短針）　28針　　　20針　　14針
　　　　　　　　　a. 海軍藍
　　　　　　　　　b. 橘色　　　減針方法參照織圖

袋身
（短針筋編的織入花樣）

立起針位置

2.5cm＝5段

1.5cm＝2段

19.5cm＝27段

0.5cm＝1段

4cm＝6段

0.5cm＝1段

66cm＝挑96針

0.5cm＝1段　　27.5cm＝鎖40針起針

96針

袋底（短針）
a. 海軍藍
b. 橘色

66cm

23.5cm

28.5cm

5cm

織入花樣的織法

① 鉤織第6段立起針的針目時，包夾著配色線的線端鉤織。

② 一邊包入編配色線，一邊鉤織1針短針的筋編。

③ 編織配色線。引拔前側1針的針目時，改換配色線後引拔。一邊包入休織織線（海軍藍），一邊繼續鉤織。

④ 織線改換成底色線時，是在引拔前1針的針目時，改換織線後引拔。

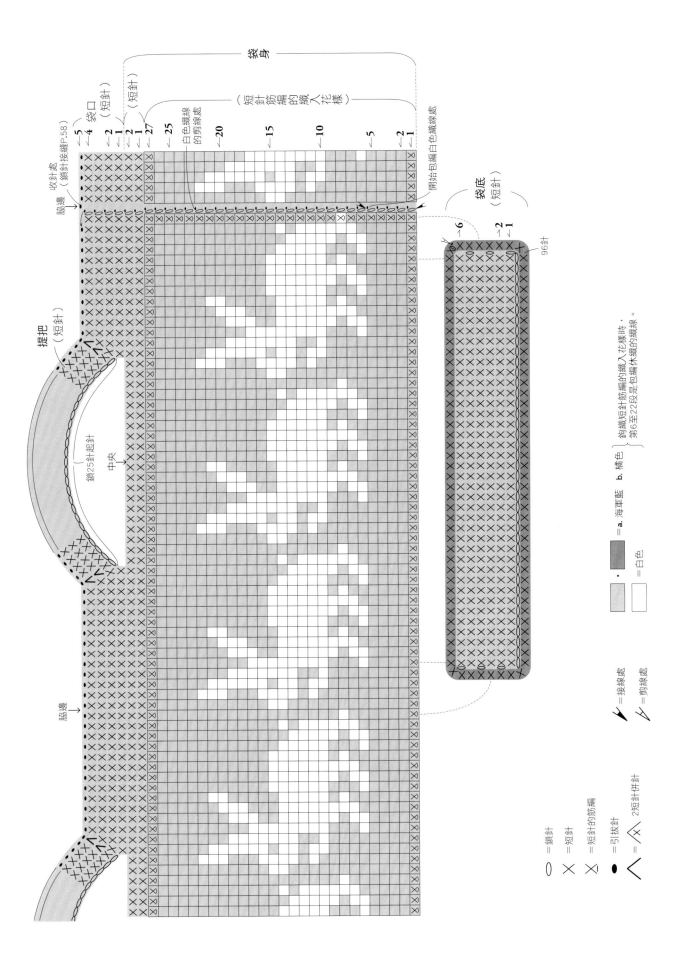

袋身

（短針筋編的織入花樣）

袋口（短針）
（短針）
27
25
20
15
10
5
2
1

白色織線的剪線線處

開始包編白色織線線處

脇邊

收針處（鎖針接縫P.58）
5
4
2
1
2
1

提把（短針）

鎖25針起針

中央

脇邊

袋底（短針）
6
2
1

96針

鉤織短針筋編的織入花樣時，第6至22段是包編休編的織線的織線。
= a. 海軍藍　b. 橘色

＝白色

＝接線處

＝剪線處

○ ＝鎖針
✕ ＝短針
✕ ＝短針的筋編
● ＝引拔針
∧ ＝ ⋀ 2短針併針

69

蕾絲花樣隨身袋 成品欣賞 p.26

◎準備材料

線材　Hamanaka Comacoma（40g／球）海軍藍（11）… 270g

針具　Hamanaka Ami Ami 樂樂雙頭鉤針7/0號‧8/0號

密度　短針‧短針的筋編（7/0號鉤針）　14cm＝10cm　5段＝3cm
　　　花樣編A　1組花樣＝4.4cm　7.5段＝10cm
　　　短針的筋編（8/0號鉤針）　13.5cm＝10cm　5段＝3.5cm

尺寸　參照織圖

◎織法　取1條織線，依指定配色進行鉤織。

①袋底是鉤31針鎖針作起針，並以短針參照織圖，一邊加針一邊進行鉤織。

②以短針的筋編＆花樣編A環狀編織袋身，並於最終段編織引拔針。

③提把鉤3針鎖針作起針，並以花樣編B往復編織58段，再於中央的每一針鎖針中鉤織1針引拔針。

④將提把縫合固定於袋身的內側。

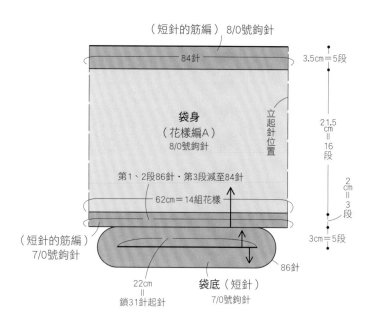

（短針的筋編）8/0號鉤針

84針

袋身
（花樣編A）
8/0號鉤針

立起針位置

第1、2段86針‧第3段減至84針

62cm＝14組花樣

（短針的筋編）
7/0號鉤針

22cm
＝
鎖31針起針

袋底（短針）
7/0號鉤針

86針

3.5cm＝5段

21.5cm＝16段

2cm＝3段

3cm＝5段

提把　2條
（花樣編B）
8/0號鉤針

鉤完第58段後接續鉤織，
於每一針鎖針中鉤織1針
引拔針。

58

53

無加減針

4

2

1

起針處

收針處

40cm＝58段

2.5cm＝鎖3針起針

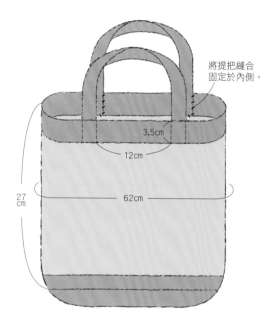

將提把縫合
固定於內側。

3.5cm

12cm

62cm

27cm

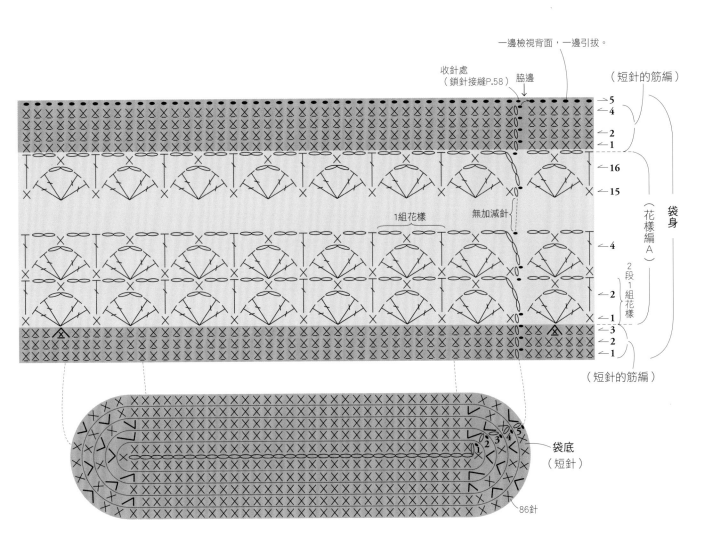

一邊檢視背面，一邊引拔。

收針處
（鎖針接縫P.58）

脇邊

（短針的筋編）

→5
←4
←2
←1

←16
←15

1組花樣

無加減針

←4

2段1組花樣

←2
←1

←3
←2
←1

（短針的筋編）

袋身

（花樣編A）

袋底
（短針）

86針

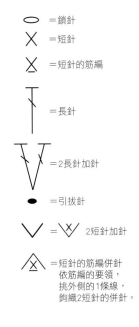

袋底針數＆加針方法

段	針數	加針方法
5	86針	增加4針
4	82針	每段增加6針
3	76針	
2	70針	
1	在鎖針的兩側挑64針	

○ ＝鎖針

✕ ＝短針

✕ ＝短針的筋編

T ＝長針

∨ ＝2長針加針

● ＝引拔針

∨ ＝ ✕ 2短針加針

△ ＝短針的筋編併針
依筋編的要領，
挑外側的1條線，
鉤織2短針的併針。

貝殼花樣時尚包 　成品欣賞 p.27

◎準備材料

線材　Hamanaka Comacoma（40g／球）黃色（3）… 230g
針具　Hamanaka Ami Ami 樂樂雙頭鉤針7.5/0號
密度　花樣編　18針6.5段＝10cm正方形
尺寸　參照織圖

◎織法　取1條織線進行鉤織。

①袋身從袋口側開始鉤25針鎖針作起針，以花樣編參照織圖鉤織。
②以長針鉤織1段側幅。以相同作法編織第2片織片。
③將側幅正面相對疊放，引拔外側半針併縫固定。
④接線鉤織袋口第1段的短針，與50針的鎖針作為提把的起針，並接續鉤織另一片織片的開口與提把。第2段則全部以短針鉤織160針。
⑤於袋口＆提把的內側鉤織1段短針。

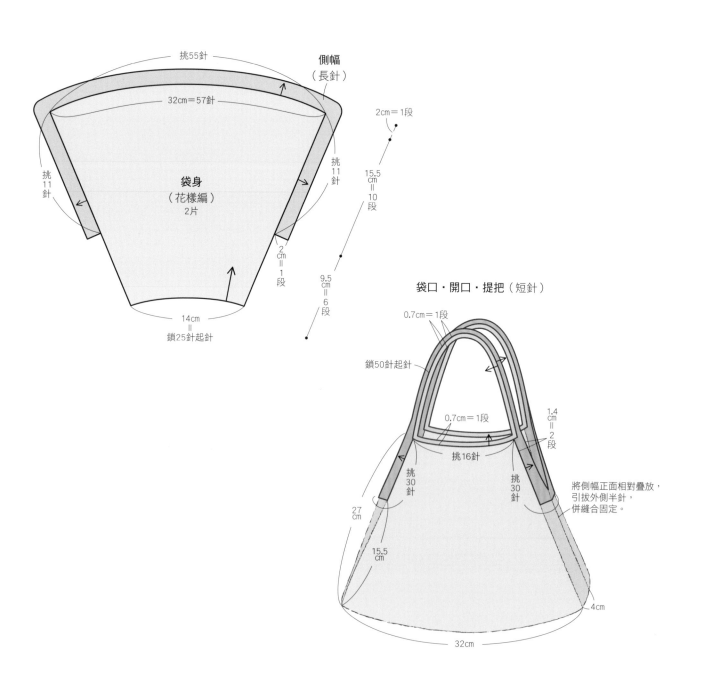

挑55針

32cm＝57針

側幅
（長針）

2cm＝1段

袋身
（花樣編）
2片

挑11針

挑11針

15.5cm＝10段

2cm＝1段

9.5cm＝6段

14cm
＝
鎖25針起針

袋口・開口・提把（短針）

0.7cm＝1段

鎖50針起針

0.7cm＝1段

1.4cm＝2段

挑16針

挑30針

挑30針

將側幅正面相對疊放，引拔外側半針，併縫合固定。

27cm

15.5cm

4cm

32cm

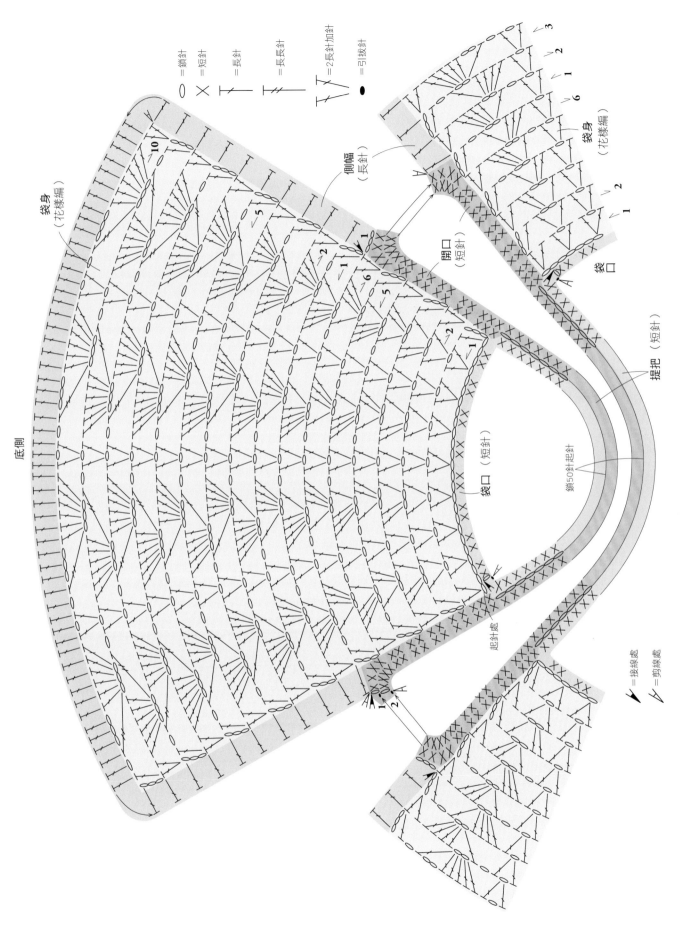

○ ＝鎖針
╳ ＝短針
Ŧ ＝長針
T ＝長長針
Ψ ＝2長針加針
● ＝引拔針

袋身
（花樣編）

底側

側幅
（長針）

開口
（短針）

袋口
（短針）

起針處

把針處

袋身
（花樣編）

袋口

提把（短針）

鎖50針起針

＝接線處
＝剪線處

馬歇爾包 ×2　成品欣賞 p.30・p.31

◎準備材料

線材　a. Hamanaka Comacoma（40g／球）鈷藍色（16）… 285g

　　　b. Hamanaka Comacoma　紅色（7）… 370g

　　　　Hamanaka Eco Andaria《Crochet》（30g／球）

　　　　淺駝色（803）…70g

針具　Hamanaka Ami Ami 樂樂雙頭鉤針　a. 8/0號　b. 9/0號

密度　短針　a. 15.5針16.5段＝10cm正方形

　　　　　　b. 13針14段＝10cm正方形

尺寸　參照織圖

◎織法　a. 取1條鈷藍色織線鉤織。

　　　　b.取紅色&淺駝色各1條，以2條織線進行鉤織。

①袋底以輪狀起針，鉤織8針短針。自第2段開始不鉤立起針，一邊加針一邊進行鉤織。

②以短針一邊加針，一邊環狀編織袋身。

③提把是在指定處鉤30針鎖針作起針，並參照織圖接續鉤織袋口&提把，最終段則鉤織引拔針。

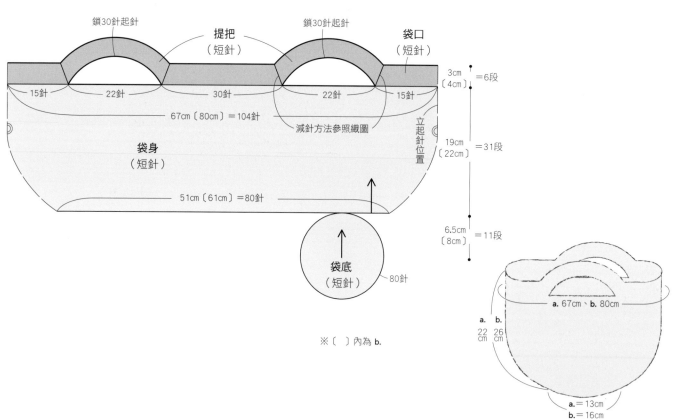

※〔 〕內為 b.

不鉤立起針的輪編方法

① 以線端作成線圈的方法起針之後，鉤織第1段的8針短針，並事先於織段終點加上記號圈。於第1段第1針的短針針頭穿入鉤針。

② 鉤針掛線，不編織立起針的鎖針，直接鉤織短針。

③ 於同一針目中鉤織另1針短針，進行2短針加針。

④ 繼續鉤織，並將記號圈移至第2段的織段終點。不編織立起針的鎖針，直接繼續鉤織。

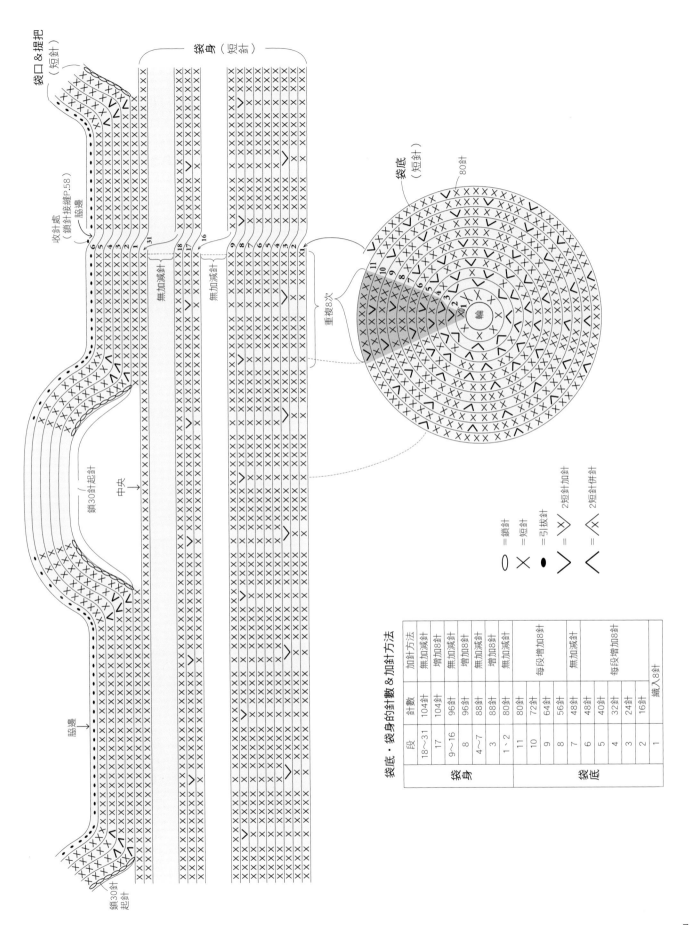

袋口 & 提把
（短針）

袋身（短針）

袋口 & 提把
（短針）

收針處
（鎖針接縫P.58）
脇邊

無加減針

無加減針

脇邊

鎖30針起針

中央

脇邊

鎖30針起針

袋底
（短針）

80針

重複8次

輪

○ = 鎖針
✕ = 短針
● = 引拔針
∨ = ⩔ = 2短針加針
∧ = ⋀ = 2短針併針

袋底．袋身的針數 & 加針方法

	段	針數	加針方法
袋身	18〜31	104針	無加減針
	17	104針	增加8針
	9〜16	96針	無加減針
	8	96針	增加8針
	4〜7	88針	無加減針
	3	88針	增加8針
	1、2	80針	無加減針
袋底	11	80針	
	10	72針	每段增加8針
	9	64針	
	8	56針	
	7	48針	無加減針
	6	48針	
	5	40針	
	4	32針	每段增加8針
	3	24針	
	2	16針	
	1		織入8針

R. 祖母包　成品欣賞 p.32

◎準備材料

線材　Hamanaka Comacoma（40g／球）白色（1）…320g
　　　Hamanaka Eco Andaria（40g／球）亮海軍藍（186）…75g

針具　Hamanaka Ami Ami 樂樂雙頭鉤針8/0號・7/0號

其他　外徑14cm的環形竹節提把（中）（H210-623-1）1組

密度　花樣編A（8/0號鉤針）1組花樣＝4.5cm
　　　1組花樣（4段）＝4cm

尺寸　參照織圖

Hamanaka竹節提把

◎織法　取1條織線，依指定的配色與針號鉤織。

①袋身是從袋底開始鉤121針鎖針作起針，並以8/0號鉤針編織11段花樣
　編A。

②接著改換7/0號鉤針編織花樣編A＆B，並編織提把固定片的7段短針。
　再依相同織法編織另一側的袋身。

③於兩端的袋口處鉤織2段短針。

④以提把固定片包覆提把，並於內側藏針縫固定。

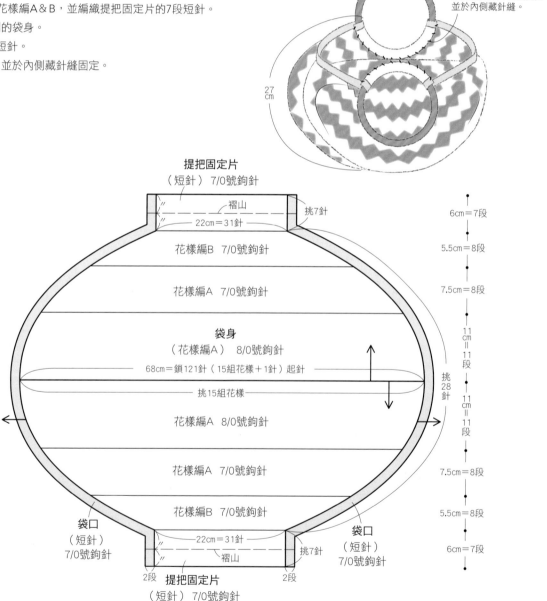

以提把固定片包覆提把
並於內側藏針縫。

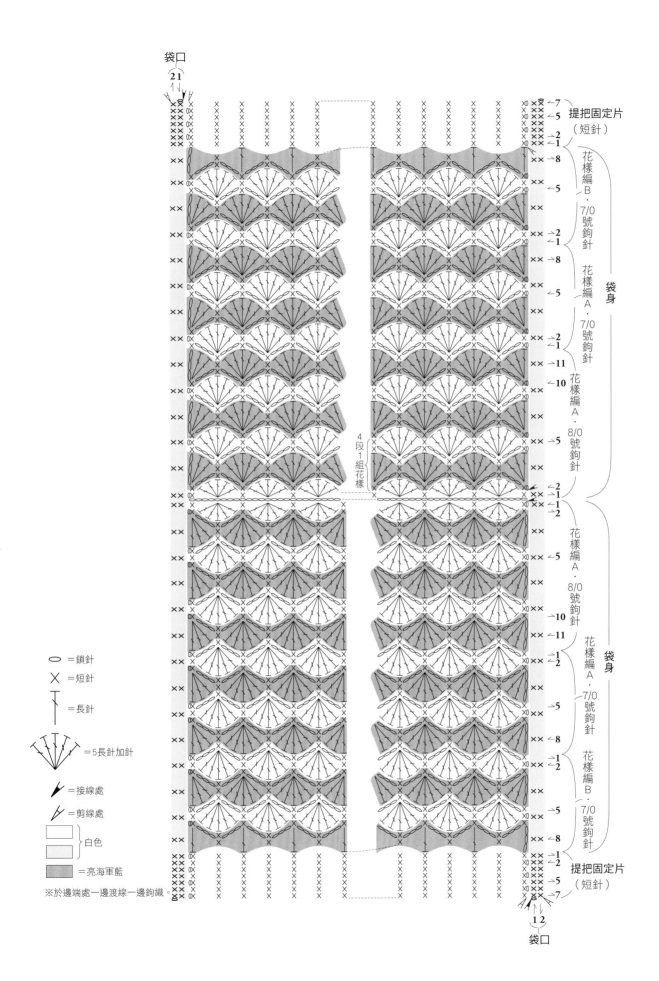

袋口

21

提把固定片
（短針）

花樣編B.7/0號鉤針

花樣編A.7/0號鉤針

袋身

花樣編A.8/0號鉤針

4段1組花樣

花樣編A.8/0號鉤針

花樣編A.7/0號鉤針

袋身

花樣編B.7/0號鉤針

提把固定片
（短針）

袋口

12

○ =鎖針

✕ =短針

┳ =長針

=5長針加針

=接線處

=剪線處

=白色

=亮海軍藍

※於邊端處一邊渡線一邊鉤織。

S. 毛線混搭麻繩の托特包　成品欣賞 p.33

◎準備材料

線材　Hamanaka Comacoma（40g／球）鈷藍色（16）…250g
　　　Hamanaka Bonny（50g／球）白色（401）…60g
　　　　　　　　　　　　　　　灰色（486）…45g

針具　Hamanaka Ami Ami 樂樂雙頭鉤針8/0號

密度　短針・短針的條紋花樣　14針＝10cm　13段＝8.5cm
　　　花樣編　14針＝10cm　4段＝2.5cm

尺寸　參照織圖

◎織法　取1條織線，依指定配色進行鉤織。

①袋底以輪狀起針，鉤織12針短針。自第2段開始，參照織圖，一邊加針一邊進行鉤織。

②以短針、短針的條紋花樣、花樣編一邊加針，一邊環狀編織袋身，再鉤織緣編。

③提把鉤5針鎖針作起針，以短針往復編織；再將提把中央部分的兩邊對合，以捲針縫縫合。

④將提把縫合固定於袋身內側。

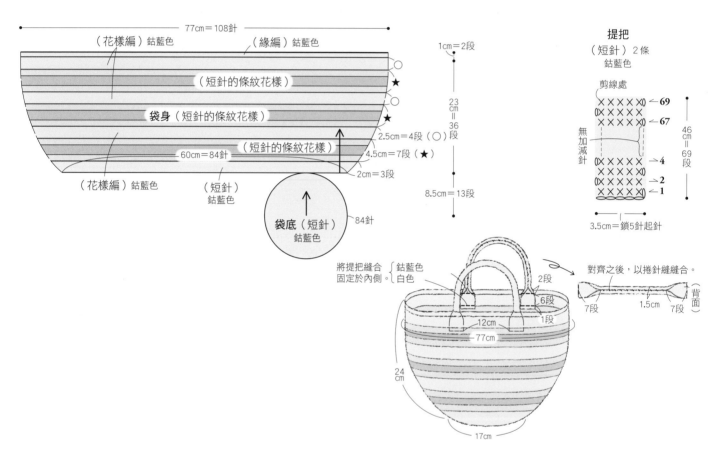

77cm＝108針
（花樣編）鈷藍色　（緣編）鈷藍色
（短針的條紋花樣）
袋身（短針的條紋花樣）
（短針的條紋花樣）
60cm＝84針
（花樣編）鈷藍色　（短針）鈷藍色
袋底（短針）鈷藍色　84針

1cm＝2段
23cm＝36段
2.5cm＝4段（○）段
4.5cm＝7段（★）
2cm＝3段
8.5cm＝13段

提把
（短針）2條　鈷藍色
剪線處　←69　←67
無加減針　→4　→2　→1
46cm＝69段
3.5cm＝鎖5針起針

將提把縫合固定於內側。{ 鈷藍色　白色

對齊之後，以捲針縫縫合。
7段　1.5cm　7段　（背面）

2段　6段　1段
12cm　77cm　24cm　17cm

逆短針筋編　※為了更淺顯易懂，因此改以不同色線進行解説。

① 編織立起針的1針鎖針，並由內側轉動鉤針之後，挑前段針目外側的1條線。

② 由針目中拉出織線，於鉤針掛線，並依箭頭指示引拔。

③ 織好短針的筋編，再將鉤針穿入右邊相鄰針目的外側1條線中。

④ 由左往右繼續進行編織。

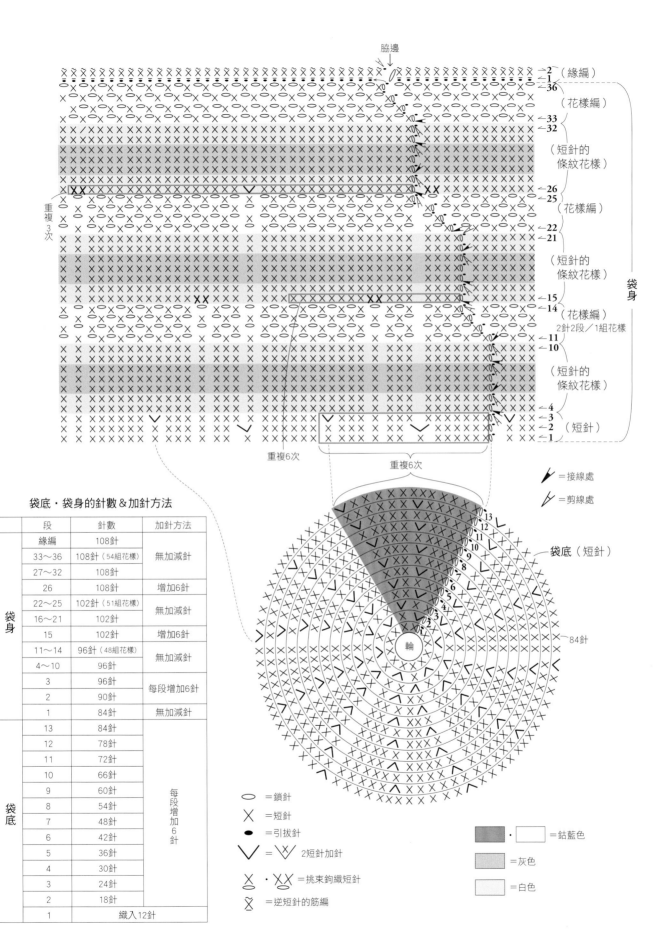

脇邊

→2（緣編）
←1
←36

（花樣編）

←33
←32

（短針的
條紋花樣）

←26
←25（花樣編）

←22
←21

（短針的
條紋花樣）

←15
←14（花樣編）
2針2段／1組花樣

←11
←10

（短針的
條紋花樣）

←4
←3
←2（短針）
←1

重複3次

袋身

重複6次　重複6次

✓ =接線處

✓ =剪線處

袋底（短針）

84針

輪

袋底・袋身的針數＆加針方法

	段	針數	加針方法
	緣編	108針	
	33～36	108針（54組花樣）	無加減針
	27～32	108針	
袋身	26	108針	增加6針
	22～25	102針（51組花樣）	無加減針
	16～21	102針	
	15	102針	增加6針
	11～14	96針（48組花樣）	無加減針
	4～10	96針	
	3	96針	每段增加6針
	2	90針	
	1	84針	無加減針
	13	84針	
	12	78針	
	11	72針	
	10	66針	
	9	60針	
袋底	8	54針	每段增加6針
	7	48針	
	6	42針	
	5	36針	
	4	30針	
	3	24針	
	2	18針	
	1	織入12針	

○ =鎖針

✕ =短針

● =引拔針

∨ = ∨∨ =2短針加針

✕ ・ ✕✕ =挑束鉤織短針

✕ =逆短針的筋編

　=鈷藍色

　=灰色

　=白色

T. 雙線混織包　成品欣賞 p.34·p.35

◎準備材料

線材　Hamanaka Comacoma（40g／球）

　　　　　a. 白色（1）**b.** 鈷藍色（16）…各240g

　　　　　Hamanaka Eco Andaria《Crochet》（30g／球）

　　　　　a. 紅色（805）**b.** 白色（801）…各48g

針具　Hamanaka Ami Ami 樂樂雙頭鉤針10/0號

密度　短針　13針12段＝10cm正方形

尺寸　參照織圖

◎**織法**　織線是取Comacoma與Eco Andaria《Crochet》各1條，以2條織線進行鉤織。

①袋底以輪狀起針，鉤織8針短針。自第2段開始，參照織圖，一邊加針一邊進行鉤織。

②以短針一邊加針，一邊環狀編織袋身。

③袋口＆提把於指定處鉤19針鎖針作起針，並參照織圖接續鉤織袋口＆提把。

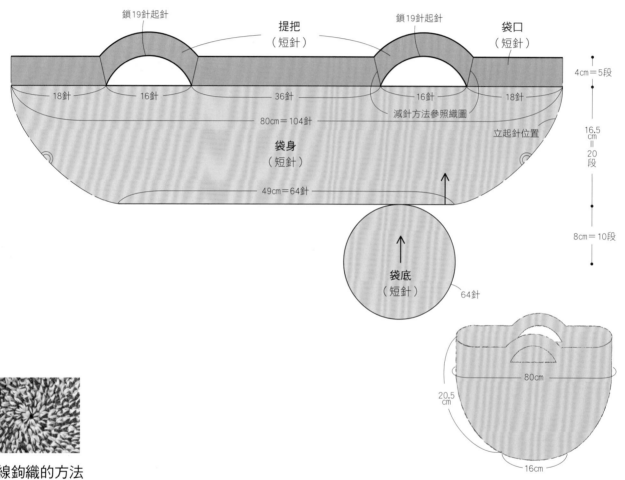

鎖19針起針

提把（短針）

鎖19針起針

袋口（短針）

4cm＝5段

18針　16針　36針　16針　18針

80cm＝104針

減針方法參照織圖

立起針位置

16.5cm＝20段

袋身（短針）

49cm＝64針

袋底（短針）

64針

8cm＝10段

20.5cm

80cm

16cm

雙線鉤織的方法

① 使2條織線對齊拉緊，掛於手指上。

② 以線端作成線圈，開始以2條織線一併作輪狀起針，鉤針掛線後拉出。

③ 完成1針鎖針的立起針，開始鉤織短針。

④ 織完1圈之後，於第1針的短針針頭穿入鉤針並引拔，再拉緊線端。

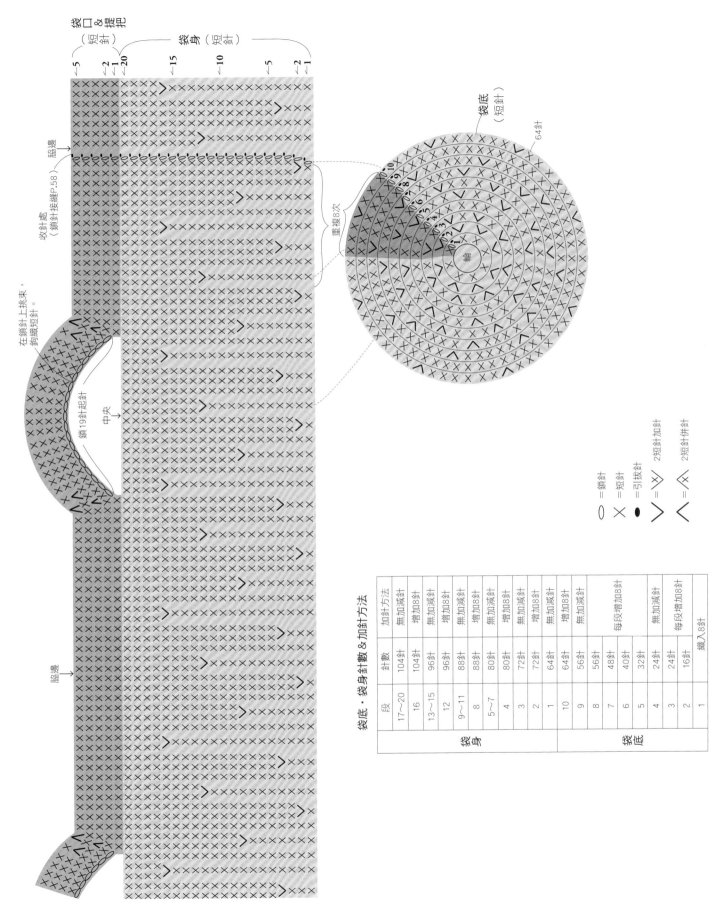

袋口＆提把
（短針）

袋身（短針）

←5　←2　←1　←20　←15　←10　←5　←2　←1

脇邊

收針處
（鎖針接縫P.58）

在鎖針上挑束，
鉤織短針。

鎖19針起針

中央

脇邊

袋底
（短針）

64針

←10　←9　←8　←7　←6　←5　←4　←3　←2　←1

輪

重複8次

○ ＝鎖針
✕ ＝短針
● ＝引拔針
∨ ＝╲╱ ＝2短針加針
∧ ＝╱╲ ＝2短針併針

袋底・袋身針數＆加針方法

	段	針數	加針方法
袋身	17~20	104針	無加減針
	16	104針	增加8針
	13~15	96針	無加減針
	12	96針	增加8針
	9~11	88針	無加減針
	8	88針	增加8針
	5~7	80針	無加減針
	4	80針	增加8針
	3	72針	無加減針
	2	72針	增加8針
	1	64針	無加減針
袋底	10	64針	增加8針
	9	56針	無加減針
	8	56針	每段增加8針
	7	48針	
	6	40針	
	5	32針	無加減針
	4	24針	每段增加8針
	3	24針	
	2	16針	
	1	織入8針	

U 皮革底水桶包　成品欣賞 p.36・p.37

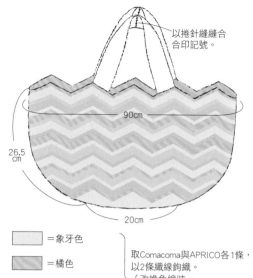

以捲針縫縫合合印記號。

90cm

26.5cm

20cm

◎準備材料

線材 Hamanaka Comacoma（40g／球）淺駝色（2）… 385g
Hamanaka APRICO（30g／球）象牙色（1）…25g
橘色（3）… 20g　土耳其藍（13）芥末黃（17）…各15g

針具 Hamanaka Ami Ami 樂樂雙頭鉤針8/0號

其他 Hamanaka皮革袋物底板（大）焦茶色　直徑20cm（H204-616）1片

密度 花樣編的條紋花樣（第7段至第20段）
1組花樣＝9cm　7.5段＝10cm

尺寸 參照織圖

◎**織法**　織線依指定的配色&指定的線數進行鉤織。
①袋底是沿皮革袋物底板的60個洞孔中，挑針編織100針短針。
②以花樣編的條紋花樣環狀編織20段袋身。
③提把是在指定處挑針，並以短針無加減針地往復編織。
④對齊提把的合印記號，以捲針縫縫合。

　　　　　＝象牙色
　　　　　＝橘色
　　　　　＝土耳其藍
　　　　　＝芥末黃
　　　　　＝Comacoma取1條線

取Comacoma與APRICO各1條，
以2條織線鉤織。
（改換色線時，
僅剪斷APRICO的線，
接上配色線鉤織）

以捲針縫縫合合印記號。

提把

提把
（短針）
Comacoma取1條線

提把

脇邊

提把

脇邊

4cm＝挑5針

18cm
＝
26段

90cm＝10組花樣

袋身
（花樣編的條紋花樣）

26.5cm
＝
20段

78cm＝10組花樣

袋底
（皮革袋物底板）

於皮革袋物底板的60個洞孔中
挑針編織100針短針。
取Comacoma與APRICO的象牙色各1條，
以2條織線鉤織。

20cm

Hamanaka皮革袋物底板（大）

皮革袋物底板的挑針編織

① 在皮革袋物底板的正面進行鉤織。於洞孔中穿入鉤針後，拉出織線。

② 鉤織立起針的鎖針。

③ 於同一個洞孔中鉤織1針短針。

④ 由左邊相鄰的洞孔開始，往左邊方向重複進行2次2針短針、1次1針短針，鉤織1圈。

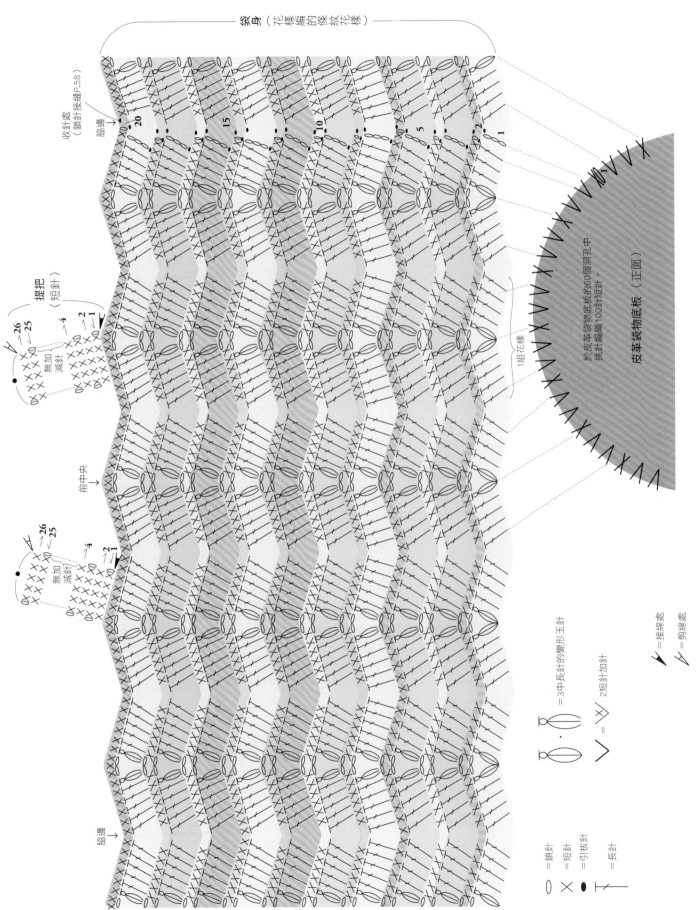

袋身（花樣編的條紋花樣）

收針處
（鎖針接縫P.58）

脇邊

20

15

10

5

2

1

提把（短針）

→26
25

無加減針

→4

→2
1

前中央

→26
25

無加減針

→4

2
1

脇邊

1組花樣

於皮革袋物底板的160個洞孔中
挑針編織100針短針。

皮革袋物底板（正面）

= 3中長針的變形玉針

= 2短針加針

= 接線處

= 剪線處

= 鎖針

= 短針

= 引拔針

= 長針

V. 混織小方包　成品欣賞 p.38・p.39

◎準備材料

線材　Hamanaka Comacoma（40g／球）
　　　　a. 淺駝色（2）… 115g　綠色（4）… 105g
　　　　b. 淺駝色（2）… 115g　藍色（5）… 105g
　　　　Hamanaka Eco Andaria（40g／球）
　　　　a. b. 米白色（168）…各80g

針具　Hamanaka Jum Bonny鉤針8mm

密度　短針　8.5針10段＝10cm正方形

尺寸　參照織圖

◎織法

織線取Comacoma與Eco Andaria各1條，使用指定的2條織線進行鉤織。

①袋底鉤14針鎖針作起針，並參照織圖，以短針一邊加針一邊進行鉤織。

②以短針進行袋身的無加減針環狀編織，再剪斷織線。

③於指定位置接線，一邊空出提把的洞口，一邊往復編織第1、2段之後，剪斷織線。另一側也依相同作法編織＆剪斷織線。再於第3段接線，並在提把的空洞處鉤織10針鎖針。

④接線之後，以短針鉤織袋口處，最終段則鉤織引拔針。

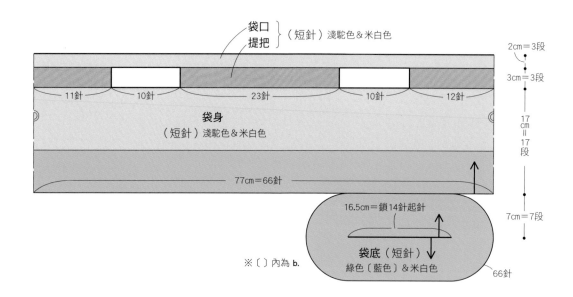

袋口
提把
（短針）淺駝色＆米白色

11針　10針　23針　10針　12針

袋身
（短針）淺駝色＆米白色

77cm＝66針

2cm＝3段
3cm＝3段
17cm＝17段
7cm＝7段

16.5cm＝鎖14針起針

袋底（短針）
綠色〔藍色〕＆米白色

66針

※〔　〕內為 **b.**

鎖針起針的挑針方法

① 編織鎖針起針，並鉤織立起針的鎖針1針。依箭頭指示，挑鎖針半針＆裡山。

② 鉤織短針，接著繼續編織。

③ 在轉角處的1針中織入3針。

3針

④ 另一側則是挑鎖針剩下的半針，鉤織短針。

84

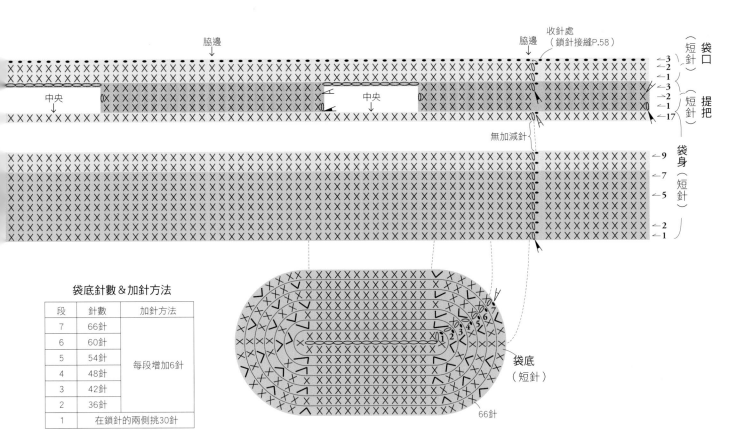

袋底針數&加針方法

段	針數	加針方法
7	66針	
6	60針	
5	54針	每段增加6針
4	48針	
3	42針	
2	36針	
1	在鎖針的兩側挑30針	

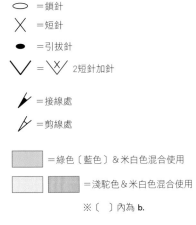

○ ＝鎖針

✕ ＝短針

● ＝引拔針

∨ ＝ ✕ 2短針加針

✎ ＝接線處

✎ ＝剪線處

▦ ＝綠色〔藍色〕&米白色混合使用

▢ ▦ ＝淺駝色&米白色混合使用

※〔　〕內為 **b.**

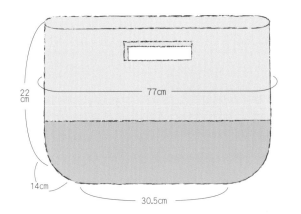

W. 繡縫圓底包 成品欣賞 p.40・p.41

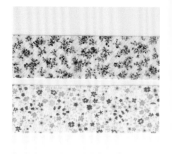

Hamanaka Laco Lab蕾絲緞帶

◎準備材料

線材 Hamanaka Comacoma（40g／球）
　　　a. 粉紅色（14）**b.** 淺駝色（2）…各250g

針具 Hamanaka Ami Ami 樂樂雙頭鉤針8/0號

其他 Hamanaka Laco lab蕾絲緞帶
　　　a. H902-401-3 **b.** H902-401-8 …各1卷

密度 短針　14.5針16.5段＝10cm正方形

尺寸 參照織圖

◎織法　取1條織線進行鉤織。

①袋底以輪狀起針，鉤織12針短針。自第2段開始，參照織圖，一邊
　加針一邊進行鉤織。

②以短針一邊加針，一邊環狀編織袋身，最終段則鉤織引拔針。

③將Laco Lab蕾絲緞帶縱向裁剪成兩半，一邊攤平於袋口處，一邊依
　指示進行繡縫。

④提把鉤5針鎖針作起針，並以短針往復編織；再將提把中央部分兩
　邊對合，以捲針縫縫合。

⑤將提把縫合固定於袋身內側。

Laco Lab蕾絲緞帶の繡縫

②以捲針縫縫合。

← 29
← 28

← 24

繡縫結束時再次穿縫於始縫的線段下。

①如同畫8字般，間隔1針短針針目，
　挑針後穿縫過去。

＝開始繡縫

＝結束繡縫

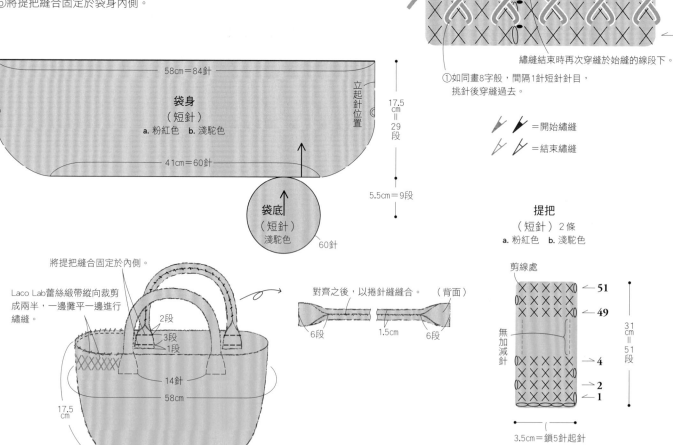

─ 58cm＝84針 ─

袋身
（短針）
a. 粉紅色　b. 淺駝色

立起針位置

17.5cm＝29段

─ 41cm＝60針 ─

5.5cm＝9段

袋底
（短針）
淺駝色

60針

將提把縫合固定於內側。

Laco Lab蕾絲緞帶縱向裁剪
成兩半，一邊攤平一邊進行
繡縫。

2段
3段
1段

14針

58cm

17.5cm

11cm

對齊之後，以捲針縫縫合。　（背面）

6段　　1.5cm　　6段

提把
（短針）2條
a. 粉紅色　b. 淺駝色

剪線處

← 51
← 49

無加減針

→ 4
→ 2
← 1

31cm＝51段

3.5cm＝鎖5針起針

86

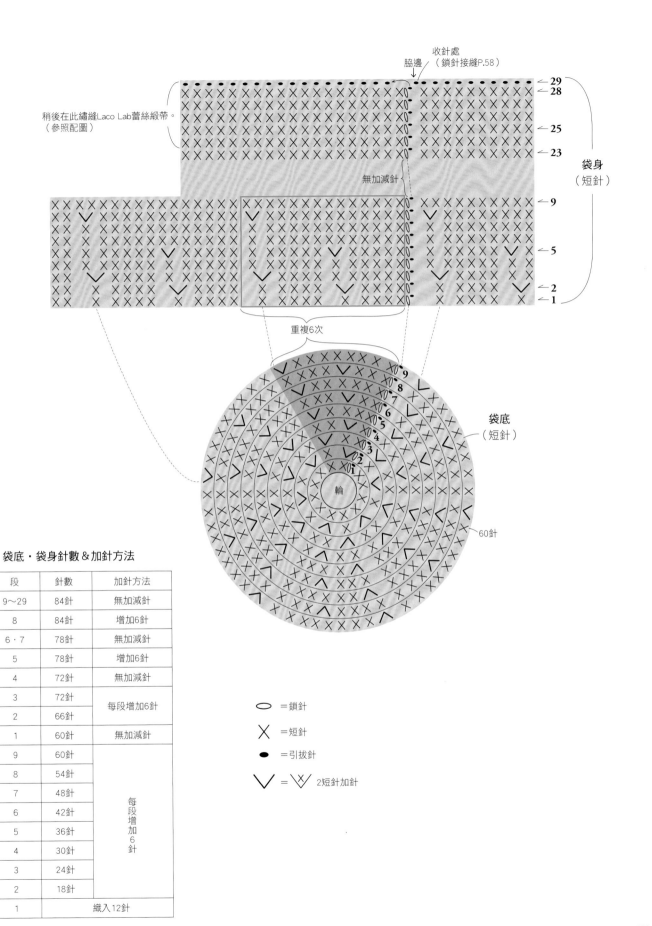

收針處
（鎖針接縫P.58）
脇邊

稍後在此繡縫Laco Lab蕾絲緞帶。
（參照配圖）

無加減針

袋身
（短針）

重複6次

袋底
（短針）

輪

60針

袋底・袋身針數＆加針方法

	段	針數	加針方法
側面	9～29	84針	無加減針
	8	84針	增加6針
	6・7	78針	無加減針
	5	78針	增加6針
	4	72針	無加減針
	3	72針	每段增加6針
	2	66針	
	1	60針	無加減針
底	9	60針	每段增加6針
	8	54針	
	7	48針	
	6	42針	
	5	36針	
	4	30針	
	3	24針	
	2	18針	
	1	織入12針	

⬭ ＝鎖針

✕ ＝短針

● ＝引拔針

∨ ＝ 2短針加針

金邊小提包 成品欣賞 p.42

◎準備材料

線材　Hamanaka Comacoma（40g／球）海軍藍（11）… 255g
　　　Hamanaka Emperor（25g／球）金色（3）… 5g
針具　Hamanaka Ami Ami 樂樂雙頭鉤針8/0號
密度　短針　14針15段＝10cm正方形
尺寸　參照織圖

◎織法　織線除了特別指定之外，皆取1條海軍藍進行鉤織。

①袋底以輪狀起針，鉤織6針短針。自第2段開始，參照織圖，一邊加針一邊進行鉤織。

②以短針進行袋身的無加減針環狀編織。

③鉤織提把。於第21段的指定處接線，鉤40針鎖針作起針，再以短針鉤織提把＜內側＞。先前休織的袋身織線則接續鉤織袋口＆提把＜外側＞。

④取2條金色織線，在指定段的每一針，各鉤織1針引拔針。

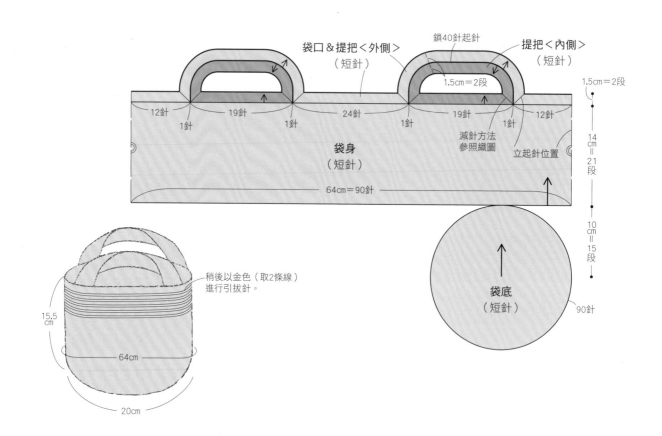

引拔針

① 由袋口側鉤織引拔針。將織線置於織片的背面，由正面穿入鉤針之後，拉出織線。鉤針再穿入相鄰的針目中，引拔1針。

② 織好1針引拔針。接著繼續引拔每1針。

③ 為保持針目大小一致，請多加留意斟酌拉線的力道。以此織法進行1圈。

④ 織完1圈之後，於下一段穿入鉤針，繼續引拔。最後則依鎖針接縫（參照P.58）的要領，以1針將線端收尾。

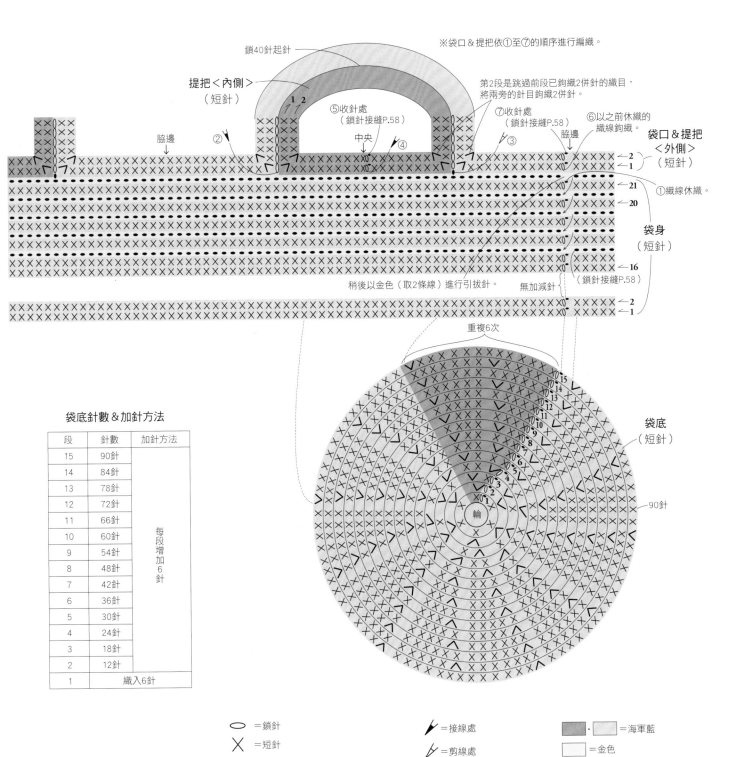

※袋口＆提把依①至⑦的順序進行編織。

鎖40針起針

提把＜內側＞
（短針）

⑤收針處
（鎖針接縫P.58）

中央

脇邊

第2段是跳過前段已鉤織2併針的織目，
將兩旁的針目鉤織2併針。

⑦收針處
（鎖針接縫P.58）

⑥以之前休織的
織線鉤織。

袋口＆提把
＜外側＞
（短針）

①織線休織。

袋身
（短針）

稍後以金色（取2條線）進行引拔針。

無加減針

（鎖針接縫P.58）

重複6次

袋底
（短針）

90針

輪

袋底針數＆加針方法

段	針數	加針方法
15	90針	
14	84針	
13	78針	
12	72針	
11	66針	每段增加6針
10	60針	
9	54針	
8	48針	
7	42針	
6	36針	
5	30針	
4	24針	
3	18針	
2	12針	
1	織入6針	

◯ ＝鎖針

✕ ＝短針

● ＝引拔針

∨ ＝ 2短針加針

∧ ＝ 2短針併針

✔ ＝接線處

✔ ＝剪線處

▨ ・ ▢ ＝海軍藍

▢ ＝金色

Y. 花朵織片迷你包 　成品欣賞 p.43

Hamanaka amu・編織用圈圈蕾絲

◎準備材料

線材　Hamanaka Comacoma（40g／球）苔蘚綠（9）… 210g
　　　　Hamanaka Tino（25g／球）灰色（16）… 30g

針具　Hamanaka Ami Ami 樂樂雙頭鉤針8/0號・5/0號・2/0號

其他　Hamanaka amu 編織用圈圈蕾絲（圓陣）
　　　　卡其色（H906-010-3）24片

密度　短針　14針15.5段＝10cm正方形

尺寸　參照織圖

◎織法　以指定的針號鉤織指定的織線數。

①袋底鉤24針鎖針作起針，並參照織圖，以短針一邊加針一邊進行
　鉤織。

②以短針一邊加針一邊環狀編織袋身，並鉤織緣編A。

③為了使提把內側形成小小的弧形，因此密實地鉤織鎖針作為起針，
　接著以短針鉤織3段，並於周圍鉤織緣編B。

④將提把縫合固定於內側。

⑤飾帶是於圈圈蕾絲的周圍一邊接續編織，一邊製作。

⑥於袋身的兩脇邊接續編織穿帶處，並穿入飾帶。

⑦以圈圈蕾絲製作單片裝飾，並縫合固定於後側。

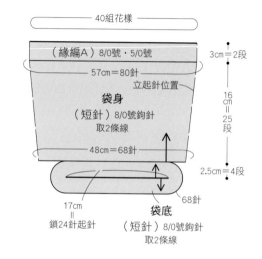

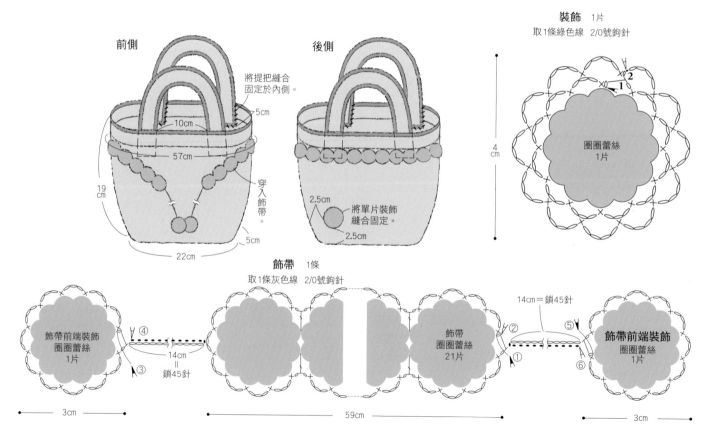

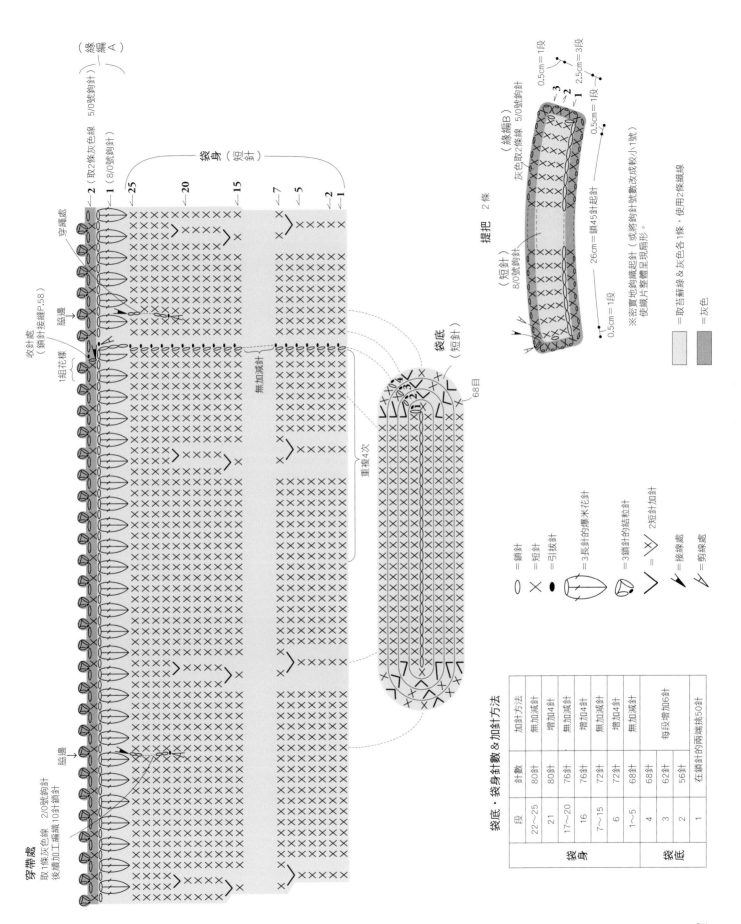

鉤針編織の基礎針法

〔 織目記號 〕

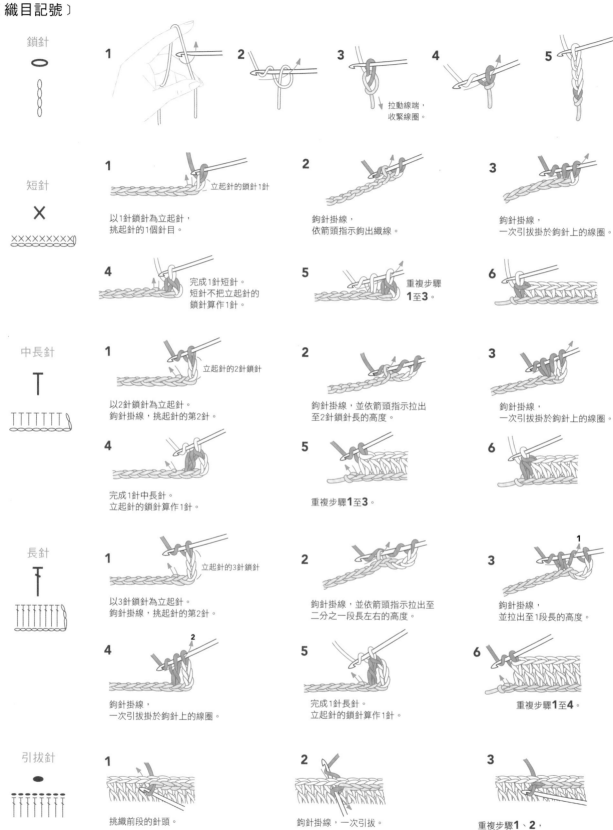

鎖針

1 **2** **3** 拉動線端，收緊線圈。 **4** **5**

短針

×

XXXXXXXX

1 立起針的鎖針1針
以1針鎖針為立起針，
挑起針的1個針目。

2 鉤針掛線，
依箭頭指示鉤出織線。

3 鉤針掛線，
一次引拔掛於鉤針上的線圈。

4 完成1針短針。
短針不把立起的
鎖針算作1針。

5 重複步驟
1至**3**。

6

中長針

T

TTTTTTT

1 立起針的2針鎖針
以2針鎖針為立起針。
鉤針掛線，挑起針的第2針。

2 鉤針掛線，並依箭頭指示拉出
至2針鎖針長的高度。

3 鉤針掛線，
一次引拔掛於鉤針上的線圈。

4 完成1針中長針。
立起針的鎖針算作1針。

5 重複步驟**1**至**3**。

6

長針

T

ↆↆↆↆↆↆ

1 立起針的3針鎖針
以3針鎖針為立起針。
鉤針掛線，挑起針的第2針。

2 鉤針掛線，並依箭頭指示拉出至
二分之一段長左右的高度。

3 鉤針掛線，
並拉出至1段長的高度。

4 鉤針掛線，
一次引拔掛於鉤針上的線圈。

5 完成1針長針。
立起針的鎖針算作1針。

6 重複步驟**1**至**4**。

引拔針

1 挑織前段的針頭。

2 鉤針掛線，一次引拔。

3 重複步驟**1**、**2**，
織得稍微鬆一些，
但不至於使織目歪斜的程度。

長長針

1
立起針的4針鎖針
以4針鎖針為立起針。
鉤針掛線2次,挑起針的第2針。

2
鉤針掛線,並依箭頭指示拉出至
三分之一段長左右的高度。

3
鉤針掛線,
並引拔2個線圈。

4
鉤針掛線,
並引拔2個線圈。

5
鉤針掛線後,
引拔剩餘的2個線圈。

6
重複步驟**1**至**5**。
立起針的鎖針算作1針。

2短針加針

1
鉤織1針短針,
並於同一針目中再次鉤織。

2
增加1針。

3短針加針
依「2短針加針」的要領,
於同一針目中織入3針短針。

2長針加針

1
鉤織1針長針,
並於同一針目中
再次穿入鉤針。

2
使針目的高度一致,
鉤織長針。

3
增加1針。

※即使織入針數增加,
也是依相同要領鉤織。

2短針併針

1
拉出第1針的織線,
接著從下一針拉出織線。

2
鉤針掛線,
一次引拔掛於鉤針上
的所有線圈。

3
2針短針變成1針。

3長針併針
依2併針的要領,
一次鉤織3針未完成的長針。

2長針併針

1
鉤織未完成的長針(P.95),
於下一針穿入鉤針後,
拉出織線。

2
鉤織未完成的長針。

3
使2針的高度一致,
並一次引拔

4
2針長針變成1針。

短針的筋編

1
僅挑織前段短針針頭
外側的1條線,
鉤針掛線後拉出。

2
鉤織短針。

3
剩下前段織目內側的1條線,
呈現出條紋狀。

裡引短針

1 依箭頭指示由外側穿入鉤針，並挑前段的針柱後，稍微鬆鬆地拉出織線。

2 依短針的相同要領鉤織。

3 完成。

逆短針

1 鎖1針
由內側扭轉鉤針之後，依箭頭指示挑織。

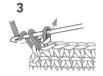

2 鉤針掛線，並依箭頭指示拉出。

3 鉤針掛線，一次引拔2個線圈。

4 重複步驟**1**至**3**，由左側往右側繼續編織。

5

3中長針的玉針

1 鉤針掛線，並依箭頭指示穿入鉤針，拉出織線。（未完成的中長針）

2 於同一針目中鉤織未完成的中長針。

3 於同一針目中鉤織另一針未完成的中長針，使3針的高度一致，並一次引拔。

4

3中長針的玉針變化款

1 依3中長針的玉針要領，鉤針掛線，並依箭頭指示引拔。

2 鉤針掛線，一次引拔2條線圈。

3

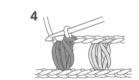

2中長針的玉針

※依「3中長針的玉針」相同要領，改成鉤織2針中長針。

3長針的玉針

1 鉤織至長針的中途。（未完成的長針）

2 於同一針目中鉤織未完成的長針。

3 於同一針目中鉤織另一針未完成的長針，使3針的高度一致，並一次引拔。

2長針的玉針

※依「3長針的玉針」相同要領，改成鉤織2針長針。

5長針的爆米花針

1 於同一針目中織入5針長針。

2 抽出鉤針，並依箭頭指示由第一針重新入針。

3 依箭頭指示拉出針目。

4 鉤針掛線，並依鎖針的要領鉤織1針，以此一針形成針頭。

3針鎖針

3鎖針的
結粒針

1

3針鎖針

鉤織3針鎖針。依箭頭指示
挑織短針針頭的半針&針柱
的1條線。

2

鉤針掛線,一次緊密地引拔
全部的織線。

3

引拔針

完成。
於下一針中鉤織短針。

〔開始編織〕

・在鎖針起針上挑針編織的方法(挑織鎖針的半針&裡山)

1

挑織鎖針外側線&裡山線
共2條線。

2

3

4

・輪狀起針(捲線1次)

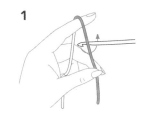

1

2

3

鉤針掛線,
並依箭頭指示引拔織線。

4

鉤織立起針的鎖針。

5

於線圈之中織入。

6

連線端的線
也一起包編。

7

8

拉緊。

織入必要針數,並拉緊線端。
依箭頭指示於第1針中穿入鉤針。

9

鉤針掛線,
引拔織線。

10

・短針筋編織入圖案的織法(包編渡線)

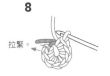

1

更換配色線的時候,
於引拔1針內側的針目時更換,
並使之順著休織的織線。

2

一邊包編休織的織線,
一邊鉤織短針的筋編。

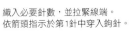

※織入圖案的織段是由織片的右端至左端,
一邊包編著底色線或配色線的某一方,
一邊鉤織。(使織片呈現均等的厚度)

〔以捲針縫縫合〕

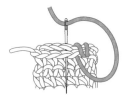

將織片疊放,1針1針地逐一
挑織短針針頭的2條線。

未完成的針目

(2長針併針的狀況)

※不進行鉤織記號織目最後的引
拔,將掛在鉤針上的線圈狀態
稱為「未完成的織目」。在鉤
織2併針、3併針或是玉針等,
於進行的中途使用。

與的區別

針腳相連時

鉤針穿入前段
的1針中。

針腳分開時

在前段的鎖針上
挑束鉤織。

國家圖書館出版品預行編目 (CIP) 資料

自然優雅．手織の麻繩手提袋＆肩背包（經典版）/ 朝日
新聞出版授權；彭小玲譯 . -- 三版 . -- 新北市：Elegant-
Boutique 新手作, 2024.02
　　面； 公分 . -- (樂・鉤織；18)
　ISBN 978-626-98203-0-6(平裝)

1.CST：編織　2.CST：手提袋

426.4　　　　　　　　　　　　　　112021879

● 樂・鉤織 **18**

自然優雅

手織の麻繩手提袋＆肩背包（經典版）

授　　　權／朝日新聞出版
譯　　　者／彭小玲
發 行 人／詹慶和
執行編輯／陳姿伶・詹凱雲
編　　　輯／劉蕙寧・黃璟安
執行美編／周盈汝・陳麗娜
美術編輯／韓欣恬
內頁排版／鯨魚工作室
出 版 者／Elegant-Boutique 新手作
發 行 者／悅智文化事業有限公司
郵政劃撥帳號／ 19452608
戶　　　名／悅智文化事業有限公司
地　　　址／新北市板橋區板新路 206 號 3 樓
電　　　話／ (02)8952-4078
傳　　　真／ (02)8952-4084
網　　　址／ www.elegantbooks.com.tw
電子郵件／ elegant.books@msa.hinet.net

2016 年 12 月初版一刷
2020 年 12 月二版一刷
2024 年 02 月三版一刷　定價 350 元

ASAHIMO DE AMU BAG
Copyright © 2016 Asahi Shimbun Publications Inc.
All rights reserved.
Original Japanese edition published by Asahi Shimbun Publications Inc.
This Traditional Chinese language edition is published by arrangement with
Asahi Shimbun Publications Inc. Tokyo in care of Tuttle-Mori Agency, Inc., Tokyo
through Keio Cultural Enterprise Co., Ltd. New Taipei City

經銷／易可數位行銷股份有限公司
地址／新北市新店區寶橋路 235 巷 6 弄 3 號 5 樓
電話／ (02)8911-0825　傳真／ (02)8911-0801

Staff

作 品 設 計／青木惠理子
　　　　　　　Ami
　　　　　　　今村曜子
　　　　　　　erico
　　　　　　　風工房
　　　　　　　金子祥子
　　　　　　　河合真弓
　　　　　　　城戶珠美
　　　　　　　すぎやまとも
　　　　　　　野口智子
　　　　　　　橋本真由子
　　　　　　　Ronique（ロニーク）
書 籍 設 計／渡部浩美
攝　　　影／馬場わかな（封面・彩頁）
　　　　　　　中辻涉（步驟・剪輯圖片）
造 型 師／鍵山奈美
髮型化妝師／廣瀬瑠美
模 特 兒／Alice
繪　　　圖／大楽里美（day studio）
　　　　　　　白くま工房
編　　　輯／佐藤周子（Little Bird）
編 輯 主 任／朝日新聞出版 生活・文化編輯部（森香織）

攝影協力
● AWABEES

● H Product Daily Wear
【Hands of creation】
（p.17 洋裝 ・p.19 套衫＆褲子 ・p.23 夾克＆洋裝
p.39 罩衫＆褲子 ・p.41 圓點洋裝＆前開襟洋裝）

線材＆材料
● 〔Hamanaka 株式會社〕
京都本社
〒 616 - 8585 京都市右京区花園薮ノ下町 2 番地の 3

東京支店
〒 103 - 0007 東京都中央区日本橋浜町 1 丁目 11 番 10 号
http://www.hamanaka.co.jp
E-mail　info@hamanaka.co.jp

因印刷品之故，作品的顏色與實際上多少有些許的差異。
※ 材料標示為 2016 年 2 月提供之資訊。